神奇的海洋水产品系列丛书

神奇的 紫菜

王联珠 江艳华 李志江◎主编

中国农业出版社
北 京

图书在版编目（CIP）数据

神奇的紫菜 / 王联珠，江艳华，李志江主编.
北京 : 中国农业出版社，2025. 6. -- ISBN 978-7-109
-33390-1

Ⅰ. TS254.5-49

中国国家版本馆 CIP 数据核字第 2025ZN1536 号

神奇的紫菜

SHENQI DE ZICAI

中国农业出版社出版

地址：北京市朝阳区麦子店街 18 号楼
邮编：100125
策划编辑：杨晓改
责任编辑：杨晓改　李文文　　文字编辑：汤杉
版式设计：艺天传媒　　责任校对：张雯婷
印刷：北京印刷集团有限责任公司
版次：2025 年 6 月第 1 版
印次：2025 年 6 月北京第 1 次印刷
发行：新华书店北京发行所
开本：700mm×1000mm　1/16
印张：9.5
字数：180 千字
定价：68.00 元

▶ 丛书编委会

主　编：刘　淇　毛相朝　王联珠

副主编：曹　荣　江艳华　郭莹莹　孙建安
　　　　赵　玲　王黎明　王　欢

编　委（按姓氏笔画排序）：
　　　　王　颖　王宇夫　朱文嘉　刘小芳
　　　　孙慧慧　李　亚　李　娜　李　强
　　　　李志江　邹安革　孟凡勇　姚　琳
　　　　梁尚磊　廖梅杰

▶ 本书编写人员

主　　编：王联珠　江艳华　李志江

副 主 编：姚　琳　李　娜　戴卫平　郭莹莹

编写人员（按姓氏笔画排序）：

万　磊　王　鹏　王小娟　王联珠

曲　梦　朱文嘉　刘　淇　江艳华

李　娜　李志江　杨立恩　杨信明

邵红霞　周　伟　赵　玲　姚　琳

郭莹莹　曹　荣　崔安东　蒋　昕

戴卫平

▶ 序

海洋是人类赖以生存的"蓝色粮仓"，我国自 20 世纪 50 年代后期开始关注水产养殖发展，经过几十年的沉淀，终于在改革开放中使得海洋水产品的生产获得了跨越式的发展。水产养殖业为国民提供了 1/3 的优质动物蛋白，不仅颠覆了传统的、以捕捞为主的渔业发展模式，带动了世界渔业的发展和增长，也为快速解决我国城乡居民"吃鱼难"、保障供给和粮食安全、提高国民健康水平作出了突出贡献。

海洋水产品不仅营养丰富，还含有多种生物活性物质，对人体健康大有裨益，是药食同源的典范。在中华民族传统医学理论中，海洋水产品大多具有保健功效，能益气养血、增强体质。随着科学技术的发展，科技工作者对海洋水产品中各种成分，尤其是生物活性成分，进行了广泛且深入的研究，不仅验证了中医临床经验所归纳的海洋水产品的医疗保健功效，还从中发现了许多新的活性成分。

近年，为落实中央双循环发展战略，推动国内市场水产品流通，促进内陆居民消费海洋水产品，农业农村部渔业渔政管理局印发了《关于开展海水产品进内陆系列活动的通知》。通过海洋水产品进内陆系列活动，鼓励大家多吃水产品、活跃内陆消费市场、丰富群众菜篮子、改善膳食营养结构、提高内陆居民健康水平。

为了帮助读者更多地了解海洋水产品，中国水产科学研究院黄海水产研究所、中国海洋大学等单位的多位专家和科普工作者共同编写了"神奇的海洋水产品系列丛书"，涵盖鱼、虾、贝、藻、参等多类海洋水产品。该丛书从海洋水产品的起源与食用历史、生物学特征、养殖或捕捞模式、加工工艺、营养与功效、产品与质量、常见的食用方法等方面，介绍了海洋水产品的神奇之处。

该丛书以问答的形式解答了消费者关心的问题，图文并茂、通俗易懂，还嵌套了多个二维码视频，生动又富有趣味。该丛书对普及海洋水产品科学知识、提高消费者对海洋水产品生产全过程及营养功效的认识、引导消费者树立科学的海洋水产品饮食消费观念、做好海洋水产品消费促进工作具有重要意义。另外，该丛书对从事渔业资源开发与利用的科技工作者也具有一定的参考价值。

中国工程院院士 唐启升

2022 年 1 月

▶ 前　言

我国食用紫菜的起源很早，晋朝的《吴都赋》和北魏的《齐民要术》中就有关于采集和食用紫菜的记载。北宋年间，紫菜已成为珍贵的贡品。紫菜生长在潮间带，广泛分布于温带和亚热带海域。在我国，最主要的人工栽培品种为条斑紫菜和坛紫菜。目前，我国的条斑紫菜和坛紫菜从育种、栽培到加工已形成了一条完整的产业链。

紫菜富含蛋白质、不饱和脂肪酸、膳食纤维、维生素和矿物质元素。游离氨基酸和特殊的挥发性成分赋予了紫菜独特的风味，尤其是烤制后的紫菜，因其滋味鲜美而深受大众喜爱，是老少皆宜的健康食品。紫菜在我国拥有悠久的食用历史，是药食同源的典范。我国传统中医认为，紫菜具有清热化痰、软坚散结、补肾养心的作用。现代科学研究发现，紫菜中含有丰富的多糖、藻胆蛋白、多肽、多酚类等活性成分，具有抗氧化、抗肿瘤、增强免疫力、抗衰老、降血压、调节肠道和促进体内重金属排出等功效。随着科技的发展和研究的深入，紫菜中更多的活性物质被不断发现和研究。

本书的编写团队，即设立于中国水产科学研究院黄海水产研究所的国家农业产业技术体系藻类质量安全与营养品质评价岗位科学家团队，在紫菜的营养品质、食用安全、活性功效以及标准制定等方面开展了大量的基础科学研究，为产业发展提供了大量的技术支撑。我们编写本书的初衷是向广大读者普及紫菜及其产品的相关知识，希望本书的出版能够引导消费者科学认识紫菜和食用紫菜。

本书共分为七章，分别介绍了紫菜起源与食用历史、紫菜形态和主要品种、紫菜人工育种和栽培、紫菜营养与独特风味、紫菜功效与人体健康、紫菜产品与质量安全、紫菜食谱。考虑到全书的科普性、实用性和系统性，本书引用了国内外诸多学者的研究成果。在编写过程中，本书还得到了众多专家的无私帮助与支持，在此一并致以最诚挚的感谢！

由于时间有限，本书难免存有纰漏，敬请广大读者批评指正。

编 者

2024 年 12 月于青岛

目 录　CONTENTS

第六章　紫菜产品与质量安全　83

第七章　紫菜食谱　115

第一章

紫菜起源与食用历史

第一节　紫菜起源与分类

 紫菜是一种什么类型的生物?

紫菜是一种海洋藻类，隶属于红藻门，是一种经济价值比较高的海藻，目前已知的有 200 多个物种，广泛生长在从寒带到温带的潮间带及潮下带水域，北太平洋沿海地区最具多样性。紫菜含有叶绿素、胡萝卜素、叶黄素、藻红蛋白、藻蓝蛋白等多种呈色物质，但不同种类紫菜的呈色物质含量比例存在差异，因此不同种类的紫菜呈现紫红、蓝绿等多种颜色，其中紫色为主要色调，因此将其命名为紫菜（图 1-1）。

图 1-1　紫菜

紫菜如何进行分类？

　　紫菜是一类海洋低等植物，在自然分类系统中隶属于植物界（Plantae）、红藻门（Rhodophyta）、红毛菜纲（Bangiophyceae）、红毛菜目（Bangiales）、红毛菜科（Bangiaceae）。紫菜属的原拉丁学名为 *Porphyra*，随着新物种的不断发现和现代分子生物技术的发展，紫菜属的分类学发生了变化。2011 年，Sutherland 等基于分子生物信息学将 *Porphyra* 属中的 52 个物种转移至 *Pyropia* 属中，其中就包括条斑紫菜、坛紫菜、甘紫菜、长紫菜、圆紫菜等。2020 年，来自江苏省海洋水产研究所和英国自然历史博物馆的海洋生物专家基于分子和形态学相结合的方法修改了 *Pyropia* 属，定义了 4 个新属，其中将条斑紫菜和甘紫菜等移到了 *Neopyropia* 属，而将坛紫菜和长紫菜等移到了 *Neoporphyra* 属。

　　根据 AlgaeBase 数据库（https://www.algaebase.org）统计，目前 *Porphyra* 中含有 55 个物种，*Pyropia* 中含有 42 个物种，Neopyropia 中含有 21 个物种，*Neoporphyra* 中含有 10 个物种，其他属下有 30 个物种。由于紫菜这一称谓已有上千年的历史，本书将 *Porphyra*、*Pyropia* 以及对这两个属修订后增加的属均统称为紫菜（图 1-2）。

图 1-2　紫菜的分类地位

生物是如何分类的？

生物分类是研究生物的一种基本方法。生物分类主要是根据生物的相似程度（包括形态结构和生理功能等），把生物划分为不同的等级，并对每一类群的形态结构和生理功能等特征进行科学的描述，以弄清不同类群之间的亲缘关系和进化关系。

分类系统是阶元系统，通常包括 7 个主要级别：界、门、纲、目、科、属、种。种是分类的基本单位，分类等级越高，所包含的生物共同点越少；分类等级越低，所包含的生物共同点越多。

3 紫菜是如何进化的？

紫菜作为一种藻类植物出现时间较早，根据化石"记载"，紫菜最早出现于 12 亿年前。早期分类学家根据藻类形态特征将其作为植物界的一大类群。随着越来越多藻类物种的发现，尤其是 20 世纪 60 到 80 年代，藻类超微结构和分子系统学揭示了许多新现象，发现了许多藻类的新类型。藻类的系统发育过程也出现了许多不同的学说，其中最主要的是真核藻类起源于内共生的"内共生学说"。根据"内共生学说"，紫菜所属的真核藻类含有叶绿体，且叶绿体含有两层膜，这些藻类由需氧吞噬型原生生物吞噬蓝藻演变而来。原生生物含有线粒体和过氧化物酶体，靠吞噬蓝藻来维持生命活动。由于某些原因，少数原核蓝藻细胞留在原生生物细胞质内，成为内共生体。最终在进化过程中，该共生蓝藻的质膜成为叶绿体内膜，宿主的食物泡膜成为叶绿体外膜。红藻门的内共生体演变为成熟的叶绿体，含有叶绿素 a 和藻胆蛋白，无鞭毛，光合产物为红藻淀粉。

第二节　紫菜食用历史

古代人是如何认识和评价紫菜的？

　　人类认识藻类的历史悠久，中国古代最早开始食用紫菜的记录见载于晋代左思所著的《吴都赋》，"吴都"是春秋吴国的都城，指的是现今的江苏苏州（春秋时苏州临海），文中提到"纶组紫绛"，唐代文人吕延济标注其中之"紫"是为"北海中草"，因此，后人广泛认为"纶组紫绛"指代的是海藻、海带、紫菜以及绛草四种植物，这说明紫菜最早开始在沿海地区被人们广泛食用。北魏年间，著名农学家贾思勰编著的《齐民要术》中写道"吴都海边诸山，悉生紫菜"，意思是说在吴都海边的群山之中，生长着一种紫色的蔬菜，文中还提及了部分紫菜的食用方法，烹饪技法仍以炙、蒸、煮为主（图1-3）。至北宋时期，紫菜已成为进贡的珍贵食品，与山珍合用，用于祭拜神、天公与佛。在元代时期紫菜作为一种具有经济价值的食品已开始出口外销，"南澳紫菜"作为出口销售的主要品种。明代时期，谢肇淛所著的《五杂俎》将福建的"四美"统一为荔枝、蛎房、子鱼、紫菜。

图1-3　贾思勰及其编撰的《齐民要术》

"医食同源"在我国具有悠久的历史，并随着人类历史的发展建立起了一系列的医学理论。紫菜在我国是药食同源的典范。唐代医学家孟诜《食疗本草》中将紫菜作为食疗食物的一种，文中记载了紫菜的生长环境，"生南海中，正青色，附石，取而干之则紫色"，意思是紫菜长在南海的石头上，是青色的，将它摘下来晒干就变为紫色；文中也提及紫菜的药用价值，"下热气，多食胀人。若热气塞咽喉，煎汁饮之"（图1-4）。自此，紫菜作为一种中药被广泛地记载应用于中医学之中。明代李时珍在《本草纲目》一书中不仅描述了紫菜的采集方法，还对紫菜的药用价值进行进一步的补充说明，指出紫菜主治"热气烦塞咽喉""凡瘿结积块之疾，宜常食紫菜"（图1-5）。清代王士雄《随息居饮食谱》也记载紫菜"和血养心"，说明紫菜有清热化痰、软坚散结、补肾养心的作用。

图1-4 《食疗本草》

图1-5 《本草纲目》

 现代人对紫菜的认可度如何？

紫菜是一种富含膳食纤维、矿物质、氨基酸、高蛋白和低脂肪的营养型海洋食品，在我国和日本、韩国等国家广受欢迎。坛紫菜是我们日常常见的一款煲汤的食材，常被作为各类食物的辅料或装饰，也是寿司中不可替代的一类重要食材；以烤条斑紫菜做成的各种海苔食品更是受到消费者尤其是青少年的青睐。可以说，紫菜兼具营养、保健、休闲等特色，具有巨大的市场潜力（图1-6）。

图 1-6　超市紫菜产品琳琅满目

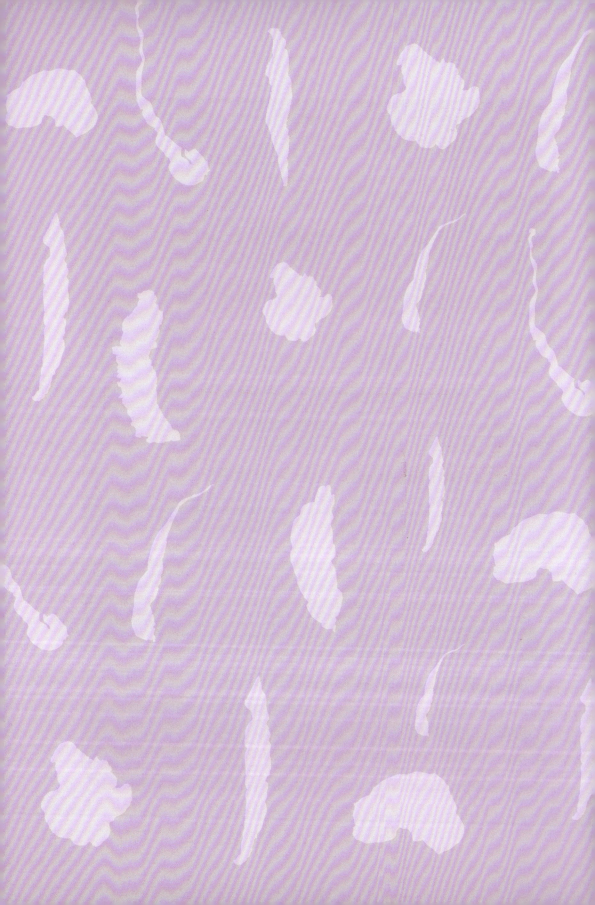

第二章

紫菜形态和主要品种

第一节　紫菜的形态和发育

 紫菜长什么样子?

　　要了解紫菜的形态，首先要了解紫菜的生长过程。紫菜的生长过程包括叶状体和丝状体两个异型世代。叶状体就是大家熟悉的、可食用的紫菜形态，其结构简单，仅由固着器、柄和叶片3部分组成（图2-1）。固着器呈盘状，由基部细胞伸出的无色根丝集合组成，借以固着在基质上；柄是叶状体基部与固着器之间的部分，由根丝细胞集合而成，紫菜的柄较微小或者缺失；紫菜的叶片结构是单一或分叉的膜状体，多数由1层，少数由2层或3层细胞构成，呈圆形、椭圆形、肾形、卵形、线性和披针形等不同形状，叶片边缘种间差异明显，多为光滑、褶皱或锯齿状。紫菜的叶状体大小因品种而差异显著，小的仅几毫米长，大的可达数米长。紫菜的丝状体则十分微小，肉眼无法看见单个个体，当附着在贝壳或钙质物体上成片生长时，呈现出紫黑色点状或斑块状的藻落（图2-2），如果悬浮生长在海水中，可形成藻落或藻球。

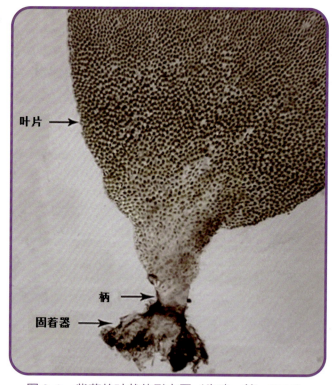

叶片

柄

固着器

图2-1　紫菜的叶状体形态图（朱建一等，2016）

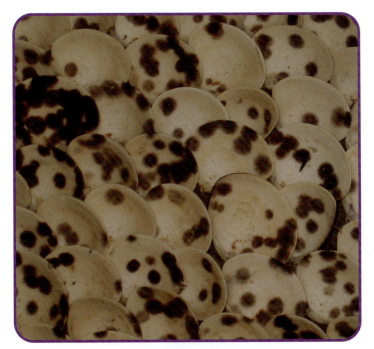

图 2-2　附着在贝壳上的紫菜丝状体

　　紫菜的生活史可以分为有性生活史和无性生活史（图2-3）。有性生活史由宏观的单倍叶状体和微观的二倍丝状体两个形态截然不同的阶段组成，即由配子体阶段和孢子体阶段组成。紫菜的叶状体阶段是雌雄同株、雌雄异株，或者趋雌雄异株的配子体阶段，不同类型的叶状体阶段因种类不同而差异明显。紫菜叶状体生长到一定阶段，会逐渐由营养细胞转化为生殖细胞，边缘细胞成熟并分化形成果胞（雌性）和精子囊（雄性）并释放雌雄配子，雌性细胞受精后经过有丝分裂形成果孢子囊，成熟后的果孢子放散脱离藻体附着并钻入贝壳等基质中，萌发形成丝状体。丝状体的耐干性差，喜光照强度较低的低潮线区域。丝状体生长至成熟阶段形成孢子囊枝，进而分裂形成壳孢子，壳孢子成熟后经过海水与低温刺激放散，附着在岩石或木桩、网帘等人工设置的工具上经减数

分裂两极萌发成叶状体，经栽培发育成叶状体幼苗，叶状体成熟后继而又进入下一轮生活史循环。

　　紫菜除了进行有性繁殖，还有部分可完成无性繁殖。无性繁殖较为简单，紫菜叶状体幼体边缘形成单孢子囊，成熟后释放出单孢子，单孢子附着在特定的基质上萌发形成新的叶状体。

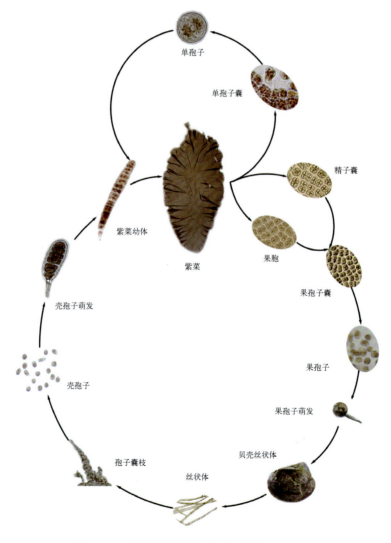

图 2-3　紫菜的生活史（王旭雷等，2017）

第二节　紫菜的品种和分布

全球紫菜有多少种？主要分布在哪里？

目前全世界已命名的紫菜有 150 多种，还包括近 20 种变种，随着研究技术的提高和调查范围的扩大，紫菜的物种数量可能还会增加。其中最主要的是条斑紫菜和坛紫菜，这是目前能人工栽培且产量最大的 2 个物种，其他可人工栽培但产量较小的物种有甘紫菜、长紫菜、拟线形紫菜、杉叶紫菜、皱紫菜等，其他比较常见的紫菜品种还有野生的圆紫菜、越南紫菜等。

从北半球最北端美国阿拉斯加州到南半球最南端，从寒带到热带，均有紫菜的踪迹，广泛分布于美国和加拿大太平洋沿岸、北大西洋欧洲沿岸及东亚沿岸的亚热带至寒带的潮间带水域。AlgaeBase 数据库记录统计了全球紫菜的地理分布信息（图 2-4）。在地域分布上，东亚是紫菜物种多样性最高的区域，主要产地为中国、日本、韩国和俄罗斯远东地区。其次为美洲，其中北美的物种仅次于东亚，主要分布在美国，而南美的物种主要分布在巴西、秘鲁、智利和阿根廷等地。此外，在欧洲、澳大利亚和新西兰、西南亚、东南亚、非洲、中东、各大洋群岛甚至极地等均有紫菜分布。由此可见，紫菜主要集中分布在北半球，虽然在寒带、温带、亚热带和热带海域均有分布，但亚热带至温带海域的物种多样性更为丰富。

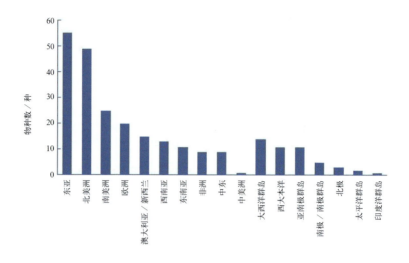

图 2-4　紫菜地理分布（数据来源：AlgaeBase）

 中国紫菜有哪些物种？主要分布在哪里？

　　我国拥有丰富的紫菜种质资源，现已定名的紫菜有 20 多种，主要包括条斑紫菜、坛紫菜、铁钉紫菜、少精紫菜、深裂紫菜、列紫菜、甘紫菜、柔薄紫菜、皱紫菜、长紫菜、单孢紫菜、多枝紫菜、圆紫菜、刺边紫菜、边紫菜、福建紫菜、广东紫菜、青岛紫菜、越南紫菜等。此外还有 5 个变种，包括半叶紫菜华北变种、坛紫菜养殖变种、坛紫菜巨齿变种、坛紫菜裂片变种、圆紫菜青岛变种。

　　紫菜在中国主要分布在黄渤海到东南沿海的潮间带，另外，也有少数紫菜物种分布在台湾和海南岛沿海，且它们的分布具有区域性特征。在渤海和黄海（辽东半岛和山东半岛）自然分布的紫菜物种主要是条斑紫菜、甘紫菜、半叶紫菜、列紫菜等，在东南沿海（浙江南部至广东东部）主要是坛紫菜、皱紫菜和长紫菜、多枝紫菜、单孢紫菜等。另外，圆紫菜在中国沿海分布较广，从南到北均有其生长，是一个广温性种类。随着人工栽培技术的发展，紫菜的生长范围得以不断扩大，形成了长江以北以条斑紫菜为主、长江以南至广东东部沿海以坛紫菜为主的两大栽培区域。

全球典型的紫菜物种有哪些？

（1）条斑紫菜（*Neopyropia yezoensis*）

条斑紫菜主要分布于中国、日本、朝鲜半岛沿岸，近期研究发现在美国东海岸也有分布。在我国自然分布于渤海、黄海至东海的浙江南麂列岛沿岸，多生长在中低潮带。条斑紫菜是我国重要的经济栽培海藻之一，已有40多年的栽培历史，主要栽培加工区域为江苏，在山东和辽宁也有少量栽培，其中江苏和山东的出口量占全国条斑紫菜行业总量的95%以上。

条斑紫菜的叶状体为雌雄同体，叶状体呈薄膜片状，多为紫黑或紫褐色的卵形或长卵形，叶状体的颜色与生长期、生活环境有关，叶状体幼期生长于肥沃海区的条斑紫菜颜色浓紫鲜艳、有光泽，反之，颜色为黄褐色、暗淡无光。叶状体由叶片、柄和固着器组成，叶状体边缘有皱褶，叶片纹理平滑，无锯齿样突起。藻体由单层细胞构成，野生藻体厚度30～50 μm，栽培的藻体厚度多在25～30 μm，藻体边缘较薄，中间稍厚，基部最厚。藻体长10～30cm，人工栽培的可达1m以上。条斑紫菜营养细胞呈多边形或不规则四边形，内有一具短腕的星状色素，藻体基部细胞多为卵形或椭圆形，细胞向下伸出假根丝，假根丝集结而成圆盘状的固着器。条斑紫菜通过有性和无性两种方式进行繁殖（图2-5）。

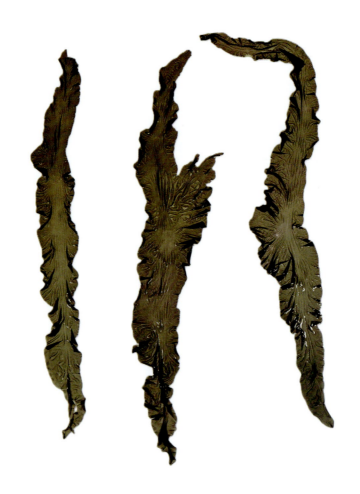

图 2-5　条斑紫菜

（2）坛紫菜（*Neoporphyra haitanensis*）

坛紫菜主要分布于我国东南沿海，日本也有记录，多数生长在高潮带海区，是一种喜浪的暖温带海藻，在受风浪冲击的礁石上生长更为旺盛。坛紫菜原产地位于福建平潭、莆田等地，现广泛栽培于浙江、福建、广东三省沿海，北起浙江舟山群岛，南至广东南澳岛，其产量占我国紫菜总产量的 75% 左右。坛紫菜历史悠久，最早因福建省平潭县主岛海坛岛而得名，早在宋朝太平兴国三年就被列为贡品。

坛紫菜的叶状体多数呈现披针形，少数呈现长卵形或亚卵形，颜色呈现紫绿色，随着生长成熟颜色逐渐变绿，但藻体颜色会依据海区营养环境的改变而变化，营养盐的高低会直接影响叶状体的颜色，生长在河口区附近的紫菜颜色偏红，在贫瘠海区的紫菜藻体偏绿。野生藻体长度仅有 10～35cm，人工栽培的藻体长可达 70～180cm，藻体厚度一般为 50～80μm，随着藻体的成熟可达 100～120μm。叶片主要为单层细胞，少数个体局部含有双层细胞。叶片的边缘平整或稍有皱褶，营养细胞大多呈四边形，有的呈多边形或长椭圆形，内有单一星状色素体，细胞外包裹胶质膜，故叶状体较厚。坛紫菜的叶状体由叶片和固着器组成，固着器由藻体的基部细胞向下延伸拉长，呈倒梨状，伸出的假根丝汇集成圆盘状固着器，使藻体固定于基质上（图2-6）。

图2-6 坛紫菜（刘涛等，2017）

（3）甘紫菜（*Neopyropia tenera*）

甘紫菜广泛分布于我国渤海至东海海域，朝鲜、日本等也有生长。甘紫菜是冷温性海藻，多生长在水质较好与平静的内湾，中低潮带的岩礁、砾石或竹筏上。藻体多为紫色、紫红色或蓝紫色，呈卵形、披针形或不规则圆形，高 20 ~ 30cm，宽 10 ~ 18cm，藻体的基部多为楔形、圆形或心形，边缘细胞平滑无锯齿，有皱褶，藻体较薄，单层，切面观细胞高 15 ~ 25 μm，宽 15 ~ 24 μm。色素体呈星状。生长假根丝的附着细胞呈卵形或长棒形。配子体雌雄同株，精子囊具有 64 个精子，表层有 16 个，共有 4 层。果孢子囊具有 8 个果孢子，表层有 4 个，共有 2 层（图 2-7）。

图 2-7　甘紫菜（朱建一等，2016）

（4）长紫菜（*Neoporphyra dentata*）

长紫菜，别名柳条菜，中国、日本和韩国均有分布，在我国主要集中在浙江、福建沿岸，多生长于高潮带面朝北、东或东北，秋、冬季节风浪比较大的岩礁上。藻体呈长披针形或竹叶形，颜色多为紫色或紫红色，一般长 15 ~ 25cm，最长可达 45cm 以上，宽 2 ~ 7cm，最宽可达 7cm 以上，藻体基部多呈心形，少数为圆形，边缘多有皱褶，边缘细胞多呈单层锯齿状，藻体厚 45 ~ 55 μm，切面观细胞高 30～35 μm、宽 15～20 μm。内有单一色素体。配子体雌雄异株，果孢子囊群与精子囊器分布在藻体边缘，精子囊器具 128 个精子囊，果孢子囊具 16 个果孢子（图 2-8）。

图 2-8　长紫菜（刘涛等，2017）

（5）圆紫菜（*Phycocalidia suborbiculata*）

　　圆紫菜在东亚、北美、东南亚、西南亚和澳大利亚、新西兰等地均有分布，多生长在中潮带上部的岩礁上。圆紫菜是温带海藻，多与其他紫菜混合生长，生长范围不集中。薄膜叶片状，多呈圆形或肾形，少数为漏斗形，颜色为紫色或紫红色，藻体宽 3～8cm，高 2～3cm，厚 40 μm。藻体基部呈心形，边缘细胞为锯齿状形态。切面观细胞高 28～30 μm，宽 18～25 μm，单细胞为单层，中间有单一星状色素体。生长假根丝的附着细胞呈圆形，干压后的藻体边缘常有向内卷的现象。配子体雌雄同株，精子囊具有 64 个精子，表层有 16 个，共有 4 层。果孢子囊具有 32 个果孢子，表层有 8 个，共有 4 层（图 2-9）。

图 2-9　圆紫菜（刘涛等，2017）

（6）皱紫菜（*Porphyra crispata*）

皱紫菜分布于东亚、东南亚、西南亚、南美等地，在我国主要集中在广东和海南海域，一般生长在高潮带岩礁上。藻体呈青紫色，片状，膜质，圆形或椭圆形，有显著的皱褶特征，宽 3 ~ 6cm，高~ 5cm。基部为心形，边缘有锯齿。藻体较厚，48 ~ 85 μm，较大藻体达到 70 ~ 85 μm。雌雄同株（图 2-10）。

图 2-10　皱紫菜（图片来源：AlgaeBase）

第三章

紫菜人工育种和栽培

第一节 紫菜的人工栽培史

紫菜是从什么时候开始人工栽培的?

紫菜是世界上产值最高的栽培海藻,根据《平潭县志》的记载,我国紫菜栽培的历史最早可追溯至宋朝太平兴国年间(976—984年),当时平潭就开始菜坛式栽培紫菜。据《平潭县水产志》和《福州市名产志》记载,到了元朝,坛紫菜从野生养殖走向半人工养殖,当地渔民利用壳灰水清坛,提高紫菜产量;到了清朝乾隆至道光年间,平潭渔民在岩礁上洒上石灰水灭害清坛,以便紫菜附着生长,这种方法一直沿用至20世纪50年代,被称为"菜坛养殖法"。在17世纪上半叶,日本渔民已经利用类似于竹枝和树枝等简单工具采集自然的紫菜苗种,并且开始学习利用竹帘和天然纤维水平网帘进行紫菜批量养殖。但是当时,紫菜苗只能依赖天然采集,来源有限,故养殖规模不大。

紫菜的现代栽培技术是如何发展的?

1949年,英国藻类学家凯瑟琳·德鲁·贝克通过对脐形紫菜(*Porphyra umbilicalis*)的研究,发现原本被鉴定为独立物种并命名为壳斑藻(*Conchocelis*)的藻类实际是紫菜叶状体放散的果孢子钻入贝壳后萌发生长形成的丝状体阶段,首次建立了紫菜生活史两个阶段之间的联系,这是紫菜生活史研究的奠基之作,为研究天然苗的来源开辟了道路。早在20世纪50年代初,我国学者曾呈奎等研究紫菜生活史获得成功,同时进行了紫菜丝状体培养、壳孢子形成和放散条件的研究,并在半人工采苗试验中取得成效,解决了人工孢子来源问题(图3-1)。1964年国家科委和水产部组织了"全国紫菜研究大会战",针对南方坛紫菜联合攻关，此项工作由时任黄海水产研究所所长朱树屏担任领导组组长，主持领导全国 14 个单位联合攻关，历时 5 年取得重大进展，全面总结了我国藻农创造的"菜坛养殖"经验，摸清了野生紫菜孢子来源、出现季节、数量分布、附着潮位等，还进行了丝状体形态和实验生态学的系统研究，提出了坛紫菜大面积育苗及半人工、全人工采苗一整套技术，在福建全省及浙江东部和南部沿海推广，使我国坛紫菜的养殖生产出现了一个飞跃，成为具有高度科学管理水平的全人工养殖产业。1978 年，"紫菜人工养殖的研究"成果获全国科学大会奖，开创了福建及其他南方沿海地区坛紫菜人工育苗与养殖的新局面。在 20 世纪 70 年代初，刘恬敬等学者又进一步运用坛紫菜人工养殖原理，利用青岛的种源，在江苏启东吕泗低盐海区进行条斑紫菜人工育苗与养殖试验获得成功，使该地区的紫菜养殖从无到有，经过多年发展已成为我国条斑紫菜的主要养殖生产基地。1977—1978 年进行了大面积高产田试验获得成功，同时解决了紫菜病烂问题，此项成果于 1982 年获国家科学技术委员会、国家农业委员会科技推广奖。至此，紫菜养殖在江苏、浙江、福建三省全面展开，开创了现代全人工栽培紫菜新时期，紫菜养殖成为我国第二大养殖业，紫菜产量也多年稳居世界首位（图 3-2、图 3-3、图 3-4）。

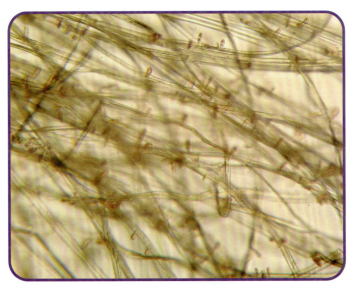

图 3-1　壳孢子采苗

图 3-2　栽培紫菜

图 3-3　栽培紫菜全景

图 3-4　采收紫菜

第二节　紫菜的人工育种和栽培

 紫菜的人工育种技术有哪些?

　　传统的紫菜育种操作都是从自然野生或栽培的藻体中选择成熟度好、藻体健壮且个体大的叶状体作为藻种，这虽然解决了种子的来源和数量问题，但并未解决种子的质量问题，难以避免种质下降。随着对紫菜形状差异的观察和认识，以及细胞生物学及遗传特性研究的发展，逐步建立起了紫菜的育种技术。适合作为紫菜种质进行长期保存的是丝状体，因此，紫菜育种技术主要是建立在丝状体筛选上的技术，主要包括以下几种：

（1）选育

　　紫菜的选育是对重组优势个体的选择，适用于优势生长性状的选育。该方法操作时间长，需经过多年的选育才能获得纯系种质，但条斑紫菜例外，通过条斑紫菜单孢子生成的个体自交，当代即可达到纯合的目的。

（2）无配生殖

　　通过从叶状体上选择分离目的细胞或组织微片，可获得同源性很高的组织细胞，这些叶状体细胞经类愈伤组织发育途径，直接生成丝状体。该方法缩短了获取纯系种质无性系的时间，简化了种质制备过程。

（3）诱变育种

通过对丝状体进行诱变，获得大量有活力的后代突变株，进行突变观察和遗传分析，并结合逆境胁迫条件的定性诱导和选择培养，从而获得更多对环境条件具有抗逆特性的种质。

（4）杂交与遗传重组育种

通过种间杂交、原生质体融合、诱变等方法获得新的性状，并通过目标性状分离选育、簇群生长优势、簇群抗逆特性分析等方法进行优势性状筛选，最后再经无配生殖途径获得种质丝状体。

 紫菜是如何进行人工育苗的？

每年4月下旬开始到9月上旬为紫菜丝状体培养阶段，也称为育苗阶段，一般是在专用育苗室中进行（图3-5）。一方面挑选优质的种藻，通过人工采集果孢子，放入一定量的海水中，不断搅动，促进果孢子的放散，制成果孢子水；另一方面挑选优质的种质丝状体，采用粉碎机将丝状体粉碎，制成丝状体悬液，将果孢子水或丝状体悬液均匀喷洒在贝壳等基质上，使其钻入壳内进一步生长。经过适当的光照、营养和温度的控制，形成壳孢子囊枝，最后形成壳孢子，作为紫菜栽培的"种子"（图3-6）。

图 3-5　自由丝状体培养

图 3-6　紫菜育苗间

机械采苗

紫菜是如何进行海上人工栽培的?

获得了优质的紫菜"种子"后,微小的壳孢子如何变成我们能食用的叶状体?这一步主要在海上完成。从每年9月下旬开始到11月中下旬为紫菜苗网培育阶段,主要是将成熟的壳孢子采集到预先准备好的网帘上,通过陆地专用水池暂养后,张挂到海上的筏架上,此阶段即为海上苗网培育阶段。为避开10月中旬到11月上旬的高水温、台风、杂藻丛生、病烂多等问题,可将苗网放进冷库冷藏,该技术也称为冷藏网技术。11月中下旬开始到翌年的4月中下旬为成菜栽培、收获期。当紫菜藻体长到15~20cm时可采收1次,全生产年度可采收5~6次。目前紫菜海上栽培的方式主要有半浮动筏式、全浮动筏式和支柱式。

(1) 半浮动筏式

半浮动筏式是潮间带应用最广泛的栽培方式,该方式兼有全浮动筏式和支柱式的特点,栽培区域设在潮间带的一定潮位,筏架结构由浮动筏、浮绠、橛缆和橛组成,涨潮时整个筏架漂浮在海面,而退潮时筏架借助短支腿架站立在滩涂,使网帘干出在空气中,杂藻不易生长。条斑紫菜和坛紫菜均可采用半浮动筏式进行栽培(图3-7)。

图 3-7　半浮动筏式养殖

（2）全浮动筏式

全浮动筏式适合在离岸较远、退潮后不干出的海区进行，栽培过程中网帘始终不露出水面，最大的优点是不受潮间带限制，藻体生长速度快，但需配备好换网生产的苗网，当藻体老化时换网，或者采用翻板式筏架获得干出，最好采用冷藏网换网，这样才能保证产量与质量（图 3-8）。

图 3-8　全浮动筏式养殖

（3）支柱式

支柱式又称为插杆式，适合港湾或不能干出的海区，潮位介于半浮动筏式和全浮动筏式之间。该方式是在潮间带滩涂上设置成排的木桩或竹桩作为支柱，将网帘按水平方向张挂到支柱上，涨潮时网帘浮在水面，退潮时则干出在空气中。该方式的优点是扩大了栽培海区、减轻了劳动强度、采收方便，条斑紫菜和坛紫菜均可采用支柱式方式进行栽培（图3-9）。

图 3-9   支柱式养殖

半浮动筏式养殖

为何将紫菜分为几"茬"或几"水"？

　　紫菜有"分茬"采收的特点，这点和韭菜类似，采割过的紫菜可以再次生长。坛紫菜采收期约为每年的 10 月至翌年的 3 月，条斑紫菜采收期为每年的 11 月至翌年的 4—5 月（视水温情况而定），在此期间可根据生长情况进行多次采收。首次采割的紫菜一般称作头水（头茬）紫菜，也称一水（一茬）紫菜；之后根据采割的次数依次称作二水（二茬）紫菜、三水（三茬）紫菜、四水（四茬）紫菜等，最后一次采割的紫菜称为末水（末茬）紫菜。

紫菜的采收

第四章

紫菜营养与独特风味

第一节　紫菜的营养

紫菜有哪些营养成分?

　　紫菜富含蛋白质、不饱和脂肪酸、碳水化合物、矿物质、维生素等营养物质，是一种营养价值很高的经济海藻，素有"营养宝库"之称，自古以来备受亚洲地区消费者的喜爱。

（1）蛋白质和氨基酸

　　紫菜富含蛋白质，不同产地、品种和生长期的紫菜中蛋白含量有所差异，通常占干重的 30%～50%（表 4-1），比海带、裙带菜等其他藻类的蛋白质含量要高。紫菜含有人体所需的 9 种必需氨基酸，与世界粮农组织／世界卫生组织（FAO/WHO）必需氨基酸模式谱基本一致，属于优质蛋白食材（表 4-1）。紫菜中丙氨酸、缬氨酸和谷氨酸的含量较多，其次为天冬氨酸和亮氨酸等（表 4-2、表 4-3）。紫菜良好的鲜甜口感很大程度上与其所含游离氨基酸有关，其中约 90% 以上为鲜味游离氨基酸和鲜甜味游离氨基酸。游离氨基酸含量越高，包含的鲜味氨基酸和鲜甜味氨基酸越多，紫菜口感越好。最主要的鲜甜味游离氨基酸有谷氨酸、丙氨酸、天冬氨酸、精氨酸等，其中谷氨酸是呈鲜味的特征性氨基酸，也是味精中的主要成分，因此紫菜可用于制作鲜味香精及海鲜调味品。此外，紫菜中还含有大量的牛磺酸，约占干重的 1.2%，这是一种磺酸化的氨基酸，对促进婴儿大脑发育和儿童的生长发育，以及对成人抗氧化、抗衰老等有良好功效。人体必需氨基酸组成见图 4-1。

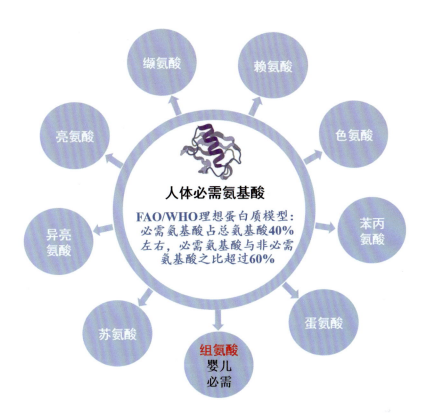

图 4-1　人体必需氨基酸组成

表 4-1 紫菜的蛋白质和脂肪含量

单位：g（以每100g 干重计）

样品	海域	采收期	蛋白质	脂肪	参考文献
条斑紫菜	江苏连云港	12 月	38.6	1.65	姚兴存等，2002
		1 月	36.1	1.56	
		2 月	31.6	1.31	
		3 月	26.0	1.24	
	江苏南通	头水	33.4	0.76	仲明等，2003
		二水	37.5	0.74	
		三水	39.5	0.78	
		四水	39.2	0.81	
		五水	39.6	0.77	
		六水	38.9	0.76	
	山东文登	头水	49.82	0.99	赵玲等，2018
		二水	50.94	0.92	
		四水	46.67	0.90	
		六水	31.33	1.04	
坛紫菜	浙江洞头	头水	31.50	0.74	应苗苗等，2009
		二水	30.10	0.70	
		三水	28.30	2.69	
		四水	27.20	2.80	
	广东南澳岛	三水	35.30	0.51	陈美珍等，2011
		残次	30.49	0.35	
	广东汕头	头水	40.96	0.48	陈胜军等，2020
		二水	35.59	0.34	
		三水	36.32	0.37	
		四水	37.94	0.50	
		末水	39.82	0.68	

表 4-2 紫菜的必需氨基酸组成及含量

单位：g（以每100g 干重计）

样品	海域	采收期	异亮氨酸	亮氨酸	赖氨酸	苏氨酸	缬氨酸	苯丙氨酸	蛋氨酸	色氨酸	氨基酸总量	参考文献
条斑紫菜	山东文登	头水	1.64	3.27	2.39	2.38	2.60	1.78	0.72	未测	41.01	赵玲等，2018
		二水	1.50	3.11	2.24	2.27	2.34	1.60	0.43	未测	37.26	
		四水	1.48	2.86	2.06	2.15	2.12	1.64	0.40	未测	32.21	
		六水	1.16	2.11	1.48	1.66	1.64	1.25	0.32	未测	24.03	
	江苏南通	头水	1.41	2.74	1.01	1.23	3.01	0.84	0.97	0.34	23.96	仲明等，2003
		二水	1.48	2.82	1.18	1.29	3.12	0.87	1.20	0.41	26.21	
		三水	1.57	3.02	1.22	1.38	3.24	0.93	1.14	0.52	26.86	
		四水	1.56	3.08	1.25	1.47	3.33	0.90	1.17	0.44	27.40	
		五水	1.58	3.10	1.38	1.50	3.38	0.91	1.27	0.38	28.28	
		六水	1.50	3.07	1.46	1.57	3.46	0.85	1.21	0.46	28.57	
坛紫菜	广东汕头	头水	1.38	2.72	2.29	1.93	2.35	1.47	0.17	0.45	34.11	陈胜军等，2020
		二水	1.27	2.50	2.15	1.72	2.17	1.37	0.13	0.33	30.87	
		三水	1.23	2.46	2.18	1.73	2.19	1.39	0.12	0.34	31.22	
		四水	1.24	2.48	2.23	1.79	2.24	1.43	0.14	0.34	32.84	
		末水	1.35	2.67	2.38	1.96	2.48	1.61	0.14	0.41	34.62	
	广东南澳岛		1.23	2.46	1.97	1.76	2.05	1.29	0.34	0.41	30.15	杨少玲等，2019
	广东莱芜岛		1.32	2.59	2.29	1.81	2.21	1.37	0.27	0.40	32.41	
	福建东山		1.32	2.59	2.03	1.73	2.10	1.36	0.39	0.41	31.23	
	福建漳浦		1.30	2.59	2.01	1.70	2.10	1.36	0.42	0.33	30.91	
	福建霞浦		1.26	2.52	2.08	1.81	2.09	1.36	0.20	0.33	31.15	
	浙江温州		1.22	2.49	2.02	1.75	2.07	1.34	0.30	0.31	30.15	

表 4-3　紫菜的其他氨基酸组成及含量

单位：g（以每 100g 干重计）

样品	海域	采收期	精氨酸	天冬氨酸	谷氨酸	丙氨酸	酪氨酸	组氨酸*	丝氨酸	甘氨酸	脯氨酸	参考文献
条斑紫菜	山东文登	头水	2.67	3.95	5.25	6.29	1.79	1.00	1.96	2.33	未测	赵玲等，2018
		二水	2.59	3.87	4.29	5.23	1.51	1.01	1.83	2.33	未测	
		四水	2.15	3.32	3.75	4.53	1.37	1.06	1.66	2.18	未测	
		六水	1.54	2.59	2.70	2.88	1.14	0.69	1.33	1.68	未测	
	江苏南通	头水	2.75	0.97	2.41	2.11	0.63	未测	1.16	1.04	1.34	仲明等，2003
		二水	2.86	1.03	2.72	2.28	0.77	未测	1.27	1.21	1.70	
		三水	2.94	1.15	2.73	2.31	0.81	未测	1.29	1.23	1.38	
		四水	2.88	1.27	2.82	2.36	0.83	未测	1.31	1.29	1.44	
		五水	2.90	1.38	3.04	2.43	0.86	未测	1.39	1.35	1.43	
		六水	2.86	1.41	3.06	2.56	0.86	未测	1.38	1.37	1.49	
坛紫菜	广东汕头	头水	2.15	3.78	4.23	4.11	1.02	0.47	1.95	2.21	1.43	陈胜军等，2020
		二水	1.97	3.41	3.81	3.49	0.93	0.44	1.76	2.10	1.32	
		三水	2.02	3.35	3.80	3.71	0.94	0.44	1.76	2.20	1.36	
		四水	2.13	3.53	4.35	4.12	0.94	0.45	1.79	2.30	1.36	
		末水	2.44	3.83	4.17	3.71	1.10	0.48	1.93	2.43	1.53	
	广东南澳岛		1.98	3.35	3.54	3.25	1.04	0.43	1.72	2.01	1.31	杨少玲等，2019
	广东莱芜岛		2.26	3.45	3.84	3.47	1.20	0.48	1.78	2.23	1.43	
	福建东山		2.14	3.18	3.70	3.41	1.22	0.47	1.75	2.03	1.37	
	福建漳浦		2.14	3.17	3.56	3.39	1.25	0.47	1.71	2.01	1.37	
	福建霞浦		2.08	3.33	3.80	3.45	1.03	0.46	1.73	2.08	1.38	
	浙江温州		2.05	3.08	3.54	3.28	1.20	0.46	1.65	2.02	1.30	

注：* 为婴儿必需氨基酸。

（2）脂肪和脂肪酸

紫菜的脂肪含量较低，为 0.34 ~ 2.80g（每 100g）（表 4-1），但其脂肪酸中以多不饱和脂肪酸为主，是一种良好的脂质来源。紫菜中多数脂肪酸是与磷脂、糖脂相结合，磷脂对人体脂肪的运转、血凝、神经冲动的传导都有重要的作用，而糖脂中 EPA 含量最高，占总脂肪酸的 32% ~ 60%。EPA，又叫二十碳五烯酸，属于 ω-3 不饱和脂肪酸，是鱼油的主要成分，对治疗自身免疫缺陷、促进循环系统健康、促进生长发育，以及对肺病、肾病和糖尿病等的辅助治疗起到很好的作用，还具有降低胆固醇和甘油三酯的功效（图 4-2）。人体必需脂肪酸亚油酸和亚麻酸的含量分别占约 10%，显著高于其他藻类。

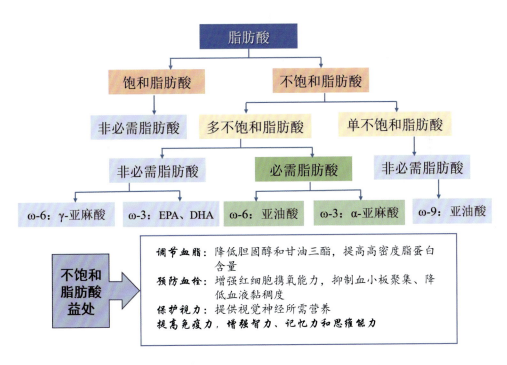

图 4-2　脂肪酸组成及不饱和脂肪酸对人体的益处

（3）碳水化合物

碳水化合物主要由单糖、双糖、糖醇、寡糖和多糖组成。紫菜中碳水化合物占干重的 35% ~ 50%，其中含有大量膳食纤维和其他大分子多糖。膳食纤维是紫菜多糖的主要成分，一般占总重 5 ~ 7g（每 100g）（表 4-4）。水溶性膳食纤维占很大比例，能有效清除重金属，由于膳食纤维的黏性多糖能干扰营养成分的吸收，可影响糖类和脂类的代谢，因此具有降低血糖的作用（图 4-3）。常见食物的膳食纤维含量见表 4-5。紫菜还能调控肠道菌群，调节人体肠胃功能，对维持身体健康有重要作用。

表 4-4　紫菜的膳食纤维含量

单位：g（以每 100g 干重计）

样品	海域	采收期	膳食纤维	参考文献
条斑紫菜	江苏南通	头水	4.7	仲明等，2003
		二水	4.9	
		三水	5.0	
		四水	5.4	
		五水	5.9	
		六水	6.1	
坛紫菜	广东汕头	头水	5.49	陈胜军等，2020
		二水	6.47	
		三水	6.83	
		四水	6.19	
		末水	7.14	

表4-5　常见食物的膳食纤维含量

单位：g（以每100g干重计）

食物名称	膳食纤维含量	食物名称	膳食纤维含量
大麦粉	14.2	小麦粉	5.8
粳米	1.9	玉米	9.54
黑豆	24.4	黄豆	22.5
红豆	20.8	绿豆	15.4
红薯	5.5	马铃薯	3.7
芹菜	4.4	莴笋	0.93
西蓝花	6.4	空心菜	6.2
青椒	5.8	甘蓝	5.0
苹果	2.1	桃子	4.1
香蕉	4.8	贡梨	3.4
紫菜	5~7	海带	10.0

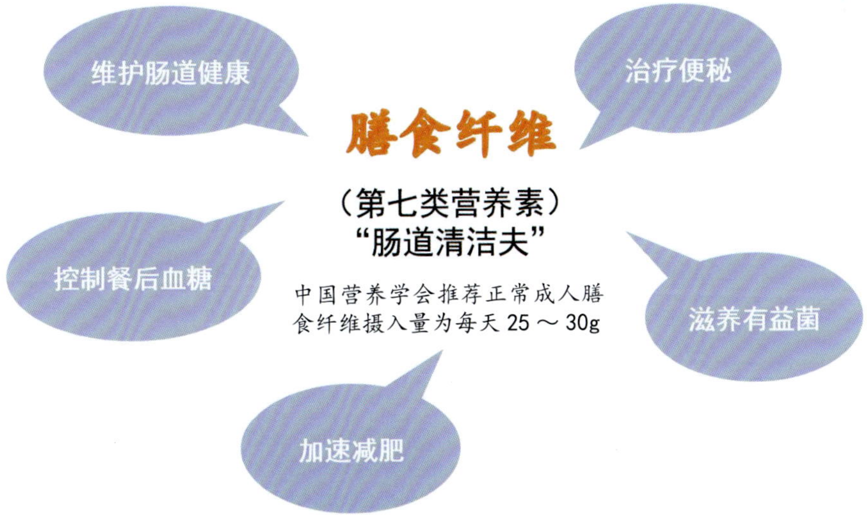

维护肠道健康

治疗便秘

膳食纤维

（第七类营养素）
"肠道清洁夫"

控制餐后血糖

中国营养学会推荐正常成人膳
食纤维摄入量为每天 25～30g

滋养有益菌

加速减肥

图4-3　膳食纤维对人体的益处

（4）矿物质

紫菜中矿物质极其丰富，显著高于陆生植物，其中以钾、钠、钙、镁、铁和磷的含量最高，铜、锌、锰和碘等次之（表4-6）。从营养学角度看比较有意义的是，紫菜中 Na/K 的比率小于1.2。在日常饮食中摄入高比例的 Na/K 与高血压的发生有很大的关系，紫菜中低 Na/K 比率有助于降低高血压的发病率。紫菜中含锌量最高可达约 100mg/kg，比一般陆生蔬菜要高得多。相较于菠菜，紫菜中铁元素具有良好的生物利用率，特别是当维生素 C 存在的情况下，不仅可以促进对紫菜中铁的生物利用率提高，也可提高对外源非血红素铁的吸收利用。虽然紫菜中碘含量不如海带高，但1张紫菜（约3g）即能提供人体一天的碘需要量。紫菜中还含有一定量的硒，硒是人体必需的抗氧化营养物质，具有抗氧化、抗衰老、抗癌和提高免疫力等作用（图4-4）。条斑紫菜中硒含量为 1.6～16.4mg（每100g），是一种天然含硒食品。

对人体至关重要的微量元素

铁
- 人体血红蛋白的主要原料
- 缺乏会引起贫血、免疫力下降等

铜
- 参与血红蛋白等的合成、协助制造血液
- 缺乏会引起贫血、运动障碍或神经失常等

锌
- 促进机体生长发育
- 缺乏会引起免疫力下降、生长停滞、皮肤干燥等

碘
- 协助甲状腺素合成、调节人体体温
- 缺乏会影响智力和性功能发育，出现甲状腺疾病等

硒
- 抗氧化、抗衰老、抗癌、提高免疫力
- 缺乏会引起高血压、关节疼痛、免疫力低下等

图4-4　微量元素对人体的益处

表4-6 紫菜的矿物质含量

单位：mg/kg（以干重计）

样品	海域	采收期	钠	钾	钙	镁	铁	铜	锌	锰	硒	钴	钒	参考文献
条斑紫菜	山东文登	头水	2 388	25 853	6 550	3 267	649.7	9.95	116.85	31.42	0.16	0.33	1.70	赵玲等，2018
		二水	3 037	55 195	5 267	3 150	368.6	8.90	47.76	28.00	0.19	0.23	1.75	
		四水	3 894	43 537	4 514	3 081	412.3	7.37	55.44	22.82	0.17	0.20	7.35	
		六水	4 489	33 430	6 542	2 912	689.0	7.62	57.65	20.76	0.19	0.26	3.58	
坛紫菜	广东南澳岛	—	3 115.14	22 836.06	125.23	3 182.88	91.57	4.88	8.51	27.21	1.64	0.17	0.14	杨少玲等，2019
	广东莱芜岛	—	2 134.81	23 371.44	273.33	3 097.42	175.14	5.67	12.77	35.82	1.33	0.17	0.22	
	福建东山	—	2 317.44	17 768.95	384.53	4 581.31	220.09	6.67	33.68	39.21	0.21	0.25	0.35	
	福建漳浦	—	1 851.27	15 648.44	313.99	3 310.81	142.03	3.26	47.59	27.67	0.22	0.18	0.25	
	福建霞浦	—	1 375.03	25 056.75	986.30	3 426.49	249.22	11.99	49.62	61.05	0.65	0.27	0.54	
	浙江温州	—	2 323.08	24 347.34	642.37	2 982.32	183.00	9.32	26.39	61.60	0.89	0.12	0.41	

（5）维生素

紫菜中维生素种类齐全、含量丰富，是人们补充多种维生素的良好食物。紫菜中维生素 A 的含量很高，高于牛肉和鸡蛋，相当于牛奶的 60 倍，辣椒的 10 倍，菠菜的 5 倍。维生素 A 对夜盲症、干眼症、皮肤干燥等的预防和治疗具有一定作用。此外，紫菜含有丰富的 B 族维生素，维生素 B_1（硫胺素）含量比一般陆生蔬菜和水果高，约为橘子的 2～3 倍；维生素 B_2 含量约为牛奶的 8 倍、香菇的 9 倍；烟酸（维生素 B_3）含量为莴苣的 20 倍、海带的 7 倍。紫菜中富含陆生植物几乎没有的天然维生素 B_{12}，接近于动物内脏的含量，具有活跃神经、预防衰老和记忆力减退、改善忧郁的功效，成年人每天食用 3 张干紫菜（约 9g）即可满足一天的维生素 B_{12} 需要量。紫菜中维生素 C 含量也很高，和西红柿大致相同。

紫菜中还含有一种维生素 U，这是一种酸性蛋氨酸的衍生物——碘甲基甲硫基丁氨酸，具有预防胃溃疡和促进溃疡面愈合的作用。早在明代李时珍就有紫菜可作为一种胃药的说法，这和现代研究相印证。维生素 U 最早从卷心菜中发现，紫菜中维生素 U 含量约为卷心菜的 70 倍，但紫菜一经烤制，维生素 U 会被破坏，如果为了补充维生素 U，应该食用未经烤制的紫菜产品。

人体缺乏维生素的常见症状见图 4–5。

维生素缺乏的症状

维生素A
干眼症
夜盲症
头发枯黄
皮肤粗糙

B族维生素
有脚气
脱发严重
口腔溃疡

维生素C
皮肤瘀斑
容易感冒
牙龈出血

维生素D
多汗
软骨病
发育不良
免疫力差

维生素E
长皱纹
皮肤色斑
四肢无力
头发分叉

维生素H
皮炎
湿疹
掉头发

维生素K
容易骨折
容易淤青
易流鼻血

复合维生素
无精打采
食欲不振
吸收不好

图 4-5　人体缺乏维生素的常见症状

条斑紫菜与坛紫菜的营养差别大吗?

条斑紫菜适宜北方较低水温下生长，生长期相对较长，使得其蛋白质、脂肪、矿物质等含量有可能高于坛紫菜，但也并非绝对，不同产地、不同采收期也会影响紫菜品种的营养差异性。从表4-1可以看出，我国海域由北至南，山东文登海域的条斑紫菜蛋白质总体含量最高，而广东汕头的坛紫菜蛋白质含量也较高，不同品种紫菜的矿物质含量也不同。林红梅（2021）分析了条斑紫菜与坛紫菜对微量元素富集能力的差异，结果发现条斑紫菜中铬、锰、钴、镍、硒的含量是坛紫菜的4.09、1.92、3.65、3.57、1.18、1.2倍，而锌、钼、镉的含量是坛紫菜的50.00%、48.39%、57.02%，表明两种紫菜对不同矿物质的富集能力是不同的。

总之，条斑紫菜和坛紫菜的营养无法进行综合比较，各有各的优点，只是由于不同品种的特性不同，加工方式不同，因此形成的产品形式也不同，消费者可以根据各自需要进行选择。

不同采收期紫菜的营养差别大吗?

前面说过紫菜类似韭菜分茬收割，那么不同采收期紫菜的营养差别大吗?就蛋白质而言，不同产地的不同品种紫菜蛋白质含量随采收期的变化而不同（表4-1），例如山东文登与江苏南通海域的条斑紫菜的蛋白质含量随着采收期的后延呈现先增加后降低的趋势；江苏连云港海域的条斑紫菜在12月时蛋白质含量最高，随着时间后延，蛋白质含量一直呈下降趋势；浙江洞头海域的坛紫菜蛋白质含量随着采收次数的增加而逐渐降低；而广东汕头海域不同采收期的坛紫菜蛋白质含量呈先下降后升高的趋势。

不同采收期紫菜的氨基酸含量也不同，江苏南通海域的条斑紫菜中必需氨基酸中赖氨酸、苏氨酸和缬氨酸随采收期次增加呈较有规律的增加，而其他必需氨基酸含量没有明显变化规律，呈味氨基酸随采收期次增加而增加（表4-2）（仲明等，2003）；不同品系条斑紫菜的氨基酸含量随采收期次的增加呈增长趋势，后期达到最高（胡传明等，2015）；山东威海靖海湾的条斑紫菜随着采收期次的增加，必需氨基酸、非必需氨基酸和氨基酸总量逐渐降低，头水紫菜的鲜味氨基酸谷氨酸和天冬氨酸含量显著高于其他采收期的紫菜（表4-7）（赵玲等，2019）；而坛紫菜的氨基酸含量随着采收期次的增加，必需氨基酸、非必需氨基酸和总氨基酸含量均逐渐降低，头水紫菜中游离氨基酸含量明显高于二水和三水紫菜，头水紫菜中天冬氨酸和谷氨酸的含量更高，表明头水坛紫菜鲜味更浓，而后期采收的坛紫菜味道相对清淡（表4-8）（宣仕芬等，2020）。

表4-7　不同采收期条斑紫菜的游离氨基酸组成及含量（赵玲等，2019）

单位：mg（以每100g干重计）

氨基酸	头水	二水	四水	六水
天冬氨酸	380.90±1.52	239.88±1.33	125.92±1.40	30.02±0.62
谷氨酸	1242.39±2.15	852.11±1.97	860.44±1.45	450.42±0.23
甘氨酸	20.99±0.43	18.77±0.21	20.99±0.24	6.83±0.47
丙氨酸	2400.84±3.09	1503.96±2.71	1500.53±2.13	544.49±1.51
酪氨酸	14.69±0.40	12.52±0.23	10.49±0.31	4.52±0.28
苯丙氨酸	13.64±0.37	14.60±0.34	12.23±0.25	6.66±0.19
总量	4073.45±7.96	2641.84±6.79	2528.86±5.78	1042.94±3.30

表4-8　不同采收期坛紫菜的游离氨基酸组成及含量（詹仕芬等，2020）

氨基酸		阈值/mg（每100g）	头水		二水		三水	
			含量/mg（每100g）	滋味活性值（TAV）	含量/mg（每100g）	TAV	含量/mg（每100g）	TAV
鲜味	天冬氨酸	100	109.33±2.52	1.09	151.00±3.00	1.51	84.00±2.65	0.84
	谷氨酸	30	375.33±2.51	12.5	238.00±0.01	7.93	279.00±1.73	9.3
鲜甜味	丝氨酸	150	14.67±0.57	0.10	13.67±0.58	0.09	16.00±0.02	0.11
	甘氨酸	130	8.13±1.20	0.06	17.67±0.06	0.14	11.30±0.10	0.09
	苏氨酸	260	83.00±6.56	0.32	113.00±1.73	0.43	146.33±1.15	0.56
	丙氨酸	60	941.67±10.69	15.69	843.67±12.01	14.06	526.33±1.53	8.77
苦味	蛋氨酸	30	3.67±1.15	0.12	2.01±0.16	0.07	1.67±0.57	0.06
	缬氨酸	40	20.33±0.57	0.51	6.67±0.58	0.17	4.67±0.58	0.12
	异亮氨酸	90	11.67±2.89	0.13	8.43±0.40	0.09	11.67±1.15	0.13
	亮氨酸	190	14.67±1.15	0.08	16.33±0.58	0.09	23.33±0.58	0.12
	酪氨酸	—	4.33±0.57	—	5.33±0.48	—	5.33±0.58	—
	苯丙氨酸	90	7.67±0.57	0.09	6.33±0.58	0.07	9.17±0.29	0.10
苦略甜味	赖氨酸	50	17.33±0.57	0.35	9.60±0.53	0.19	13.33±0.58	0.27
	组氨酸	20	4.33±0.48	0.22	2.47±0.50	0.12	4.33±0.57	0.22
	精氨酸	50	13.67±1.15	0.27	15.67±1.15	0.31	18.67±0.56	0.37
游离氨基酸总量			1629.80±16.90		1450.18±15.63		1155.13±8.63	

　　相同海域中，不同采收期的紫菜矿物质含量差异明显。江苏南通海域的条斑紫菜中钠、钾、镁、钙等常量元素以及铁、铜、锌、碘等微量元素随着采收期的后延而增高，而山东文登的条斑紫菜中不同矿物质的变化规律不同；浙江洞头的坛紫菜中，钠、钾、铁、锌、锰等随着采收期的后延而增高，其余则随采收期的后延有降低的趋势。

　　总体来说，紫菜的营养价值随着采收期的后延而降低，因此头水紫菜营养价值最高，经济价值也最高，而末水紫菜基本没有食用价值，仅可作为饲料或提取琼胶的原料。

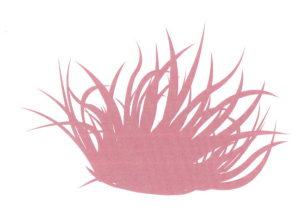

第二节　紫菜的独特风味

　　紫菜尤其是烤紫菜制品深受消费者的青睐，除了其具有丰富的营养价值外，还由于其具有独特的风味，那么紫菜中含有哪些风味物质？烤紫菜为何会如此诱人呢？

紫菜的风味物质有哪些？

　　紫菜良好的鲜甜口感很大程度上与体内所含游离氨基酸有关，其中约 90% 以上为鲜味游离氨基酸和鲜甜味游离氨基酸。游离氨基酸含量越高，包含的鲜味氨基酸和鲜甜味氨基酸越多，紫菜口感越好。鲜甜味游离氨基酸主要有谷氨酸、丙氨酸、天冬氨酸、精氨酸等，其中谷氨酸是呈鲜味的特征性氨基酸，也是味精中的主要成分，因此紫菜可用于制作海鲜调味品。此外由于紫菜易受生长环境中盐类物质的影响而表现出咸味，Na^+、K^+ 等无机离子是产生咸味的主要物质。

　　已在紫菜中发现的挥发性化合物有醛类、酮类、醇类、酯类、萜烯类、苯酚、脂肪酸、碳氢化合物和含硫化合物。干紫菜的气味物质主要以醛类、酮类、醇类、烷烃类化合物为主，例如己醛具有腥味，壬醛具有青草味，苯甲醛具有苦杏仁味，苯乙醛具有青草香或花香，壬醛具有蜡香、甜橘香或脂肪香气，2- 乙基呋喃具有焦香味，1- 辛烯 -3- 醇具有蘑菇香气等；烤紫菜中还含有典型焙烤香气的吡嗪等，这些物质综合作用形成紫菜特有的愉悦气味。

什么是风味物质？

风味物质包括味感物质和嗅感物质，味感主要是由舌头的味蕾感知，也有部分由口腔的软腭、咽喉后壁和会厌处感知，一般把味感分为甜、酸、苦、咸四种基本味觉。近年来，鲜味也被列入味感的范畴，鲜味物质分子量一般较低，具有非挥发性、水溶性的特点，如游离氨基酸、呈味核苷酸、有机酸、无机离子以及一些呈味肽等。嗅感物质多种多样，挥发性风味物质是嗅觉感知的一类化合物组分，在食品中已经确定的挥发性成分已超过7 100种，根据它们的浓度和感官阈值，每一种都可能对气味感觉起作用，其特点是易挥发。

坛紫菜与条斑紫菜的风味差别大吗？

曹荣等（2020）分析了福建漳州海域的坛紫菜和山东半岛靖海湾的条斑紫菜在滋味和气味方面的差异性。条斑紫菜的游离氨基酸总量为4 237.62mg（每100g），显著高于坛紫菜的3 497.08mg（每100g），条斑紫菜中含量较高的种类依次是丙氨酸（甜）、谷氨酸（鲜）、天门冬氨酸（鲜）和缬氨酸（甜／苦）；坛紫菜中含量较高的则为精氨酸（苦／甜）、谷氨酸（鲜）、丙氨酸（甜）和组氨酸（苦）。电子舌实验结果表明鲜味、鲜味回味、咸味、苦味和涩味共同构成紫菜的滋味（图4-6）。鲜味和鲜味回味是紫菜最重要的滋味特征。坛紫菜和条斑紫菜的鲜味值分别为7.27和6.31，具有显著差异（P<0.05）。鲜味回味指鲜味的持久性和丰富程度，不仅与呈味物质的量有关，与种类也密切相关。坛紫菜和条斑紫菜的鲜味回味有极显著差异（P<0.01），这可能主要与两种紫

菜游离氨基酸以及呈味核苷酸的组成差异有关。苦味和涩味也是紫菜滋味的重要组成部分，坛紫菜的苦味值和涩味值均极显著高于条斑紫菜（$P<0.01$），这可能与坛紫菜含有较多的精氨酸和组氨酸有关。总体上，坛紫菜的鲜味、鲜味回味等令人愉悦的滋味强度更高，但同时苦味、涩味值也较大，在滋味方面比条斑紫菜更为丰富。

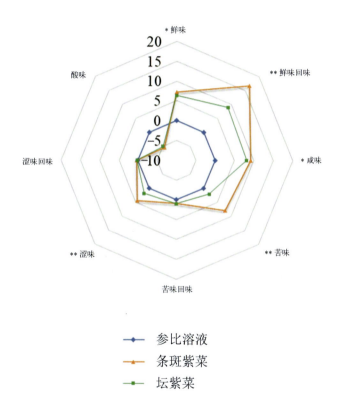

图4-6　基于电子舌的坛紫菜与条斑紫菜滋味轮廓

注：* 表示两种紫菜间差异显著（$P<0.05$）；** 表示两种紫菜间差异极显著（$P<0.01$）。

坛紫菜和条斑紫菜中共分离并鉴定出36种挥发性物质，包括11种醇类、8种醛类、5种酮类、5种酸类、3种酯类以及酚类、硫醚类、呋喃类、吡咯类各1种（图4-7）。坛紫菜和条斑紫菜的挥发性成分含量有明显差异，条斑紫菜中的挥发性物质更为丰富，尤其是苯乙醛、壬醛等低阈值的醛类化合物含量极显著高于坛紫菜（P<0.01）。坛紫菜的挥发性物质总体含量相对较低，这与坛紫菜气味清淡的现象一致，仅丁酮、丁二酮、2-乙基呋喃、丙醛、丙酮的含量显著高于条斑紫菜，其中酮类化合物的阈值一般较高，2-乙基呋喃可呈现出豆香或麦芽香，但同样阈值较高（8 000 μg/kg），因此这两类物质对气味贡献较小。丙醛具有青草气味或可可香气，且阈值较低（37 μg/kg），对坛紫菜的气味有较大贡献。条斑紫菜的挥发性物质总体含量相对较高，这与其气味更为浓郁的现象一致。条斑紫菜中的香茅醇、氧化芳樟醇、正己醇、丁内酯等含量显著高于坛紫菜，然而饱和醇类和酯类的阈值一般较高，因此这些成分对条斑紫菜的气味贡献不大。醛类化合物阈值一般较低，又具有叠加效应，往往在食品风味中起重要作用。条斑紫菜中苯乙醛（阈值为 4.0 μg/kg）、壬醛（阈值为 1.0 μg/kg）含量相对较高，其中苯乙醛可产生青草香或花香，壬醛具有蜡香、甜橘香或脂肪香气，对条斑紫菜的整体愉悦气味有较大贡献。坛紫菜和条斑紫菜在挥发性成分方面的差别不仅与品种有关，南、北海域不同的温度、盐度、光照强度等生态环境条件可能也是重要的影响因素。

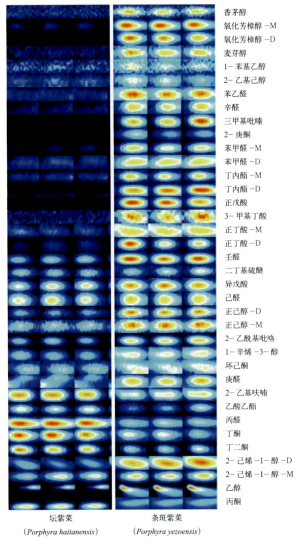

坛紫菜
（*Porphyra haitanensis*）

条斑紫菜
（*Porphyra yezoensis*）

香茅醇
氧化芳樟醇 -M
氧化芳樟醇 -D
麦芽醇
1-苯基乙醇
2-乙基己醇
苯乙醛
辛醛
三甲基吡嗪
2-庚酮
苯甲醛 -M
苯甲醛 -D
丁内酯 -M
丁内酯 -D
正戊酸
3-甲基丁酸
正丁酸 -M
正丁酸 -D
壬醛
二丁基硫醚
异戊酸
己醛
正己醇 -D
正己醇 -M
2-乙酰基吡咯
1-辛烯-3-醇
环己酮
庚醛
2-乙基呋喃
乙酸乙酯
丙醛
丁酮
丁二酮
2-己烯-1-醇 -D
2-己烯-1-醇 -M
乙醇
丙酮

图 4-7　坛紫菜与条斑紫菜的气味指纹图谱

3 不同采收期的紫菜风味差别大吗？

曹荣等（2019）以采自福建漳州海域的坛紫菜为研究对象，采用电子舌绘制其滋味轮廓（图4-8）。坛紫菜的头水、二水、三水、四水坛紫菜的鲜味强度依次显著减弱，四水和五水坛紫菜的鲜味强度值接近（图4-9）。坛紫菜属于海水养殖品种，易受生长环境中盐类物质的影响，Na^+、K^+等无机离子是产生咸味的主要物质，因此表现出咸味，头水、二水、三水、四水和五水坛紫菜的咸味值依次增大。赵玲等（2018）研究发现后期采收的条斑紫菜Na^+含量更高，这可能是造成后期采收的紫菜咸味增强的主要原因。苦味和涩味也是构成坛紫菜滋味的重要组成部分。随着采收期的延后，坛紫菜的苦味值和涩味值呈增加的趋势。头水坛紫菜的苦味值显著低于另外4组样品，二水和三水坛紫菜的苦味值接近，四水和五水坛紫菜的苦味值接近。在涩味方面，同样是头水坛紫菜的涩味值最小，二水、三水、四水和五水坛紫菜的涩味值依次增大。总体上，前期采收的坛紫菜以鲜味、鲜味回味等令人愉悦的滋味为主，因此更适宜作为调味类、即食类产品的生产原料。随着采收期的延后，鲜味、鲜味回味等滋味强度减弱，而苦味、涩味等不愉快的滋味强度逐渐增强。

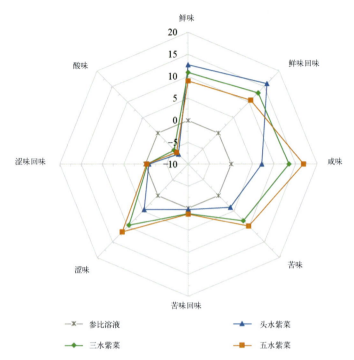

图 4-8　不同采收期坛紫菜的滋味轮廓

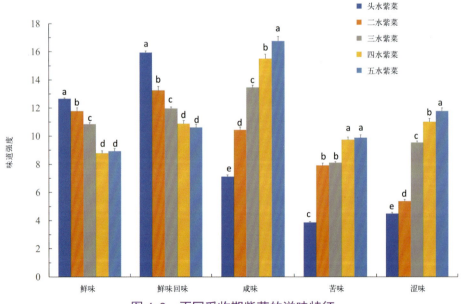

图 4-9　不同采收期紫菜的滋味特征

注：a、b、c、d、e 不同字母表示显著性差异。

不同采收期的紫菜挥发性成分种类和含量有所不同（图4-10）。头水坛紫菜中2-乙基呋喃、2-庚酮、2-己烯-1-醇、1-苯基乙醇、正己醇含量较高。2-乙基呋喃有较强的焦香气，而酮、醇类化合物的阈值一般较高，对气味贡献度较小，这与头水坛紫菜呈现出淡的清香味一致。二水和三水坛紫菜的挥发性化合物种类及其含量较为接近，其中含量较高的化合物依次是丁内酯、2-己烯-1-醇、1-辛烯-3-醇，其中丁内酯、1-辛烯-3-醇的含量显著高于头水坛紫菜。1-辛烯-3-醇阈值较低（10.0μg/kg）且具有蘑菇香气，是构成二水、三水坛紫菜愉悦气味的重要组成成分。三水坛紫菜中己醛含量较高，己醛可产生腥味，这是三水坛紫菜区别于二水坛紫菜的重要成分。四水坛紫菜中含量较高的挥发性物质依次是2-己烯-1-醇、壬醛、苯甲醛、正丁酸，其中壬醛含量极显著高于前期采收的坛紫菜（$P<0.01$），壬醛（阈值为1.0μg/kg）具有青草味，对坛紫菜的愉悦气味有贡献，但同时产生苦杏仁味的苯甲醛含量也较高。五水坛紫菜的气味指纹图谱与四水坛紫菜相似，仅壬醛和正己醇两种物质的含量略有差异。

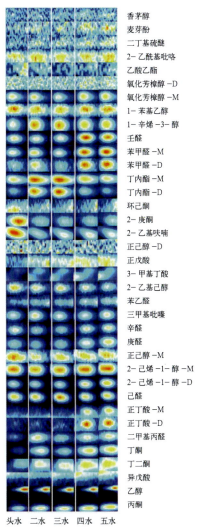

香茅醇
麦芽酚
二丁基硫醚
2-乙酰基吡咯
乙酸乙酯
氧化芳樟醇-D
氧化芳樟醇-M
1-苯基乙醇
1-辛烯-3-醇
壬醛
苯甲醛-M
苯甲醛-D
丁内酯-M
丁内酯-D
环己酮
2-庚酮
2-乙基呋喃
正己醇
正戊酸
3-甲基丁酸
2-乙基己醇
苯乙醛
三甲基吡嗪
辛醛
庚醛
正己醇-M
2-己烯-1-醇-M
2-己烯-1-醇-D
己醛
正丁酸-M
正丁酸-D
二甲基丙醛
丁酮
丁二酮
异戊酸
乙醇
丙酮

头水　二水　三水　四水　五水

图4-10　不同采收期坛紫菜的气味指纹图谱

烤紫菜（海苔）为何那么诱人？

条斑紫菜经过烤制后制成各种休闲食品，也就是人们通常说的海苔食品，深受消费者的青睐。消费者这么喜欢食用海苔，主要是因为其风味独特，那么紫菜烤制后含有什么特殊的风味物质呢。赵玲等（2021）通过电子鼻实验发现，条斑紫菜烤制前后香气物质的种类和含量有显著差异。采用风味分析仪测定结果表明，条斑紫菜烤制前后挥发性成分差异显著，烤制后出现吡嗪类特征风味物质。固相微萃取－气相色谱－质谱联用仪分析的结果发现，条斑紫菜烤制前后挥发性成分的变化较大，烤制前后的紫菜样品中分别鉴定出83种和86种挥发性物质，醛类、醇类、酮类和烷烃类构成了条斑紫菜的主体风味，醛类物质构成了鲜腥的气味。烤制前后的条斑紫菜中均检测出2-甲基－丁醛、3-甲基－丁醛、戊醛、己醛、(E)-2-戊烯醛、2-甲基－2-戊烯醛、2-己烯醛、辛醛、壬醛、苯甲醛等，醛类化合物总含量分

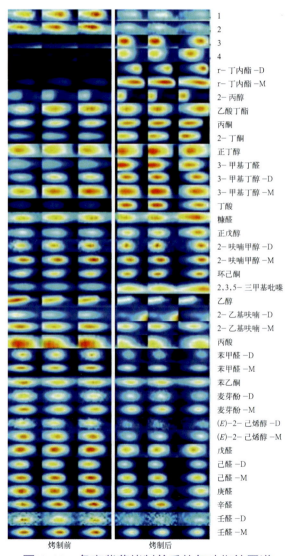

1	
2	
3	
4	
r-丁内酯－D	
r-丁内酯－M	
2-丙醇	
乙酸丁酯	
丙酮	
2-丁酮	
正丁醇	
3-甲基丁醛	
3-甲基丁醇－D	
3-甲基丁醇－M	
丁酸	
糠醛	
正戊醇	
2-呋喃甲醇－D	
2-呋喃甲醇－M	
环己酮	
2,3,5-三甲基吡嗪	
乙醇	
2-乙基呋喃－D	
2-乙基呋喃－M	
丙酸	
苯甲醛－D	
苯甲醛－M	
苯乙酮	
麦芽酚－D	
麦芽酚－M	
(E)-2-己烯醇－D	
(E)-2-己烯醇－M	
戊醛	
己醛－D	
己醛－M	
庚醛	
辛醛	
壬醛－D	
壬醛－M	

烤制前　　　　　烤制后

图 4-11　条斑紫菜烤制前后的气味指纹图谱

别占 16.42% 和 11.70%。烤制前后的条斑紫菜中共检测出 27 种烷烃类化合物，其中 8– 十七烷烯相对含量较高，已知其是一些海藻的特征风味物质，因此，也可能是条斑紫菜的重要风味物质之一。条斑紫菜烤制后吡嗪类物质包括甲基吡嗪、2,5– 二甲基吡嗪、2– 乙基 –5– 甲基吡嗪、3– 乙基 –2，5– 二甲基吡嗪和 2– 乙基 –6– 甲基 – 吡嗪等物质的种类和相对含量显著增加，其中，2 种吡嗪类物质 2,5– 二甲基吡嗪和 3– 乙基 –2,5– 二甲基吡嗪仅在条斑紫菜中被检出，可作为其特有的化合物（图 4–11）。

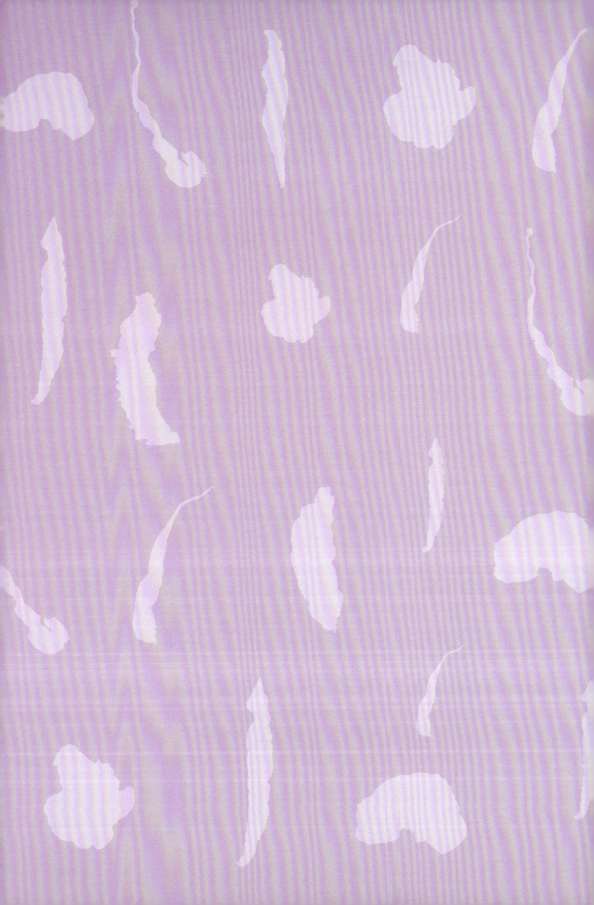

第五章

紫菜功效与人体健康

第一节　紫菜的活性物质与功效

　　紫菜除了具有良好的营养风味以外，也是一种优质的药食同源食物。早在唐代，医学家孟诜在《食疗本草》中提及紫菜的药用价值："下热气，多食胀人。若热气塞咽喉，煎汁饮之"，而明代李时珍在《本草纲目》中描述了紫菜的药用功效，主治"热气烦塞咽喉"，"凡瘿结积块之疾，宜常食紫菜"，可见紫菜的功效与人体健康密切相关。随着现代科技和人类大健康的发展，越来越多的活性物质被揭示，接下来让我们了解一下紫菜中都有哪些活性物质及对人体有益的保健功效。

1 紫菜有哪些活性物质?

(1) 紫菜多糖

　　紫菜多糖是紫菜的重要组成成分，同时具有丰富的功能活性，如抗氧化、抗肿瘤、增强机体免疫力、降血压血脂等功效，近年来有研究发现紫菜多糖也具有抗辐射、抗凝血、促血管生成等作用，还可用于食品的保鲜等。

　　多糖的结构和理化特性与其功能活性息息相关。紫菜多糖的结构组成较为单一，是一种聚半乳糖的硫酸酯多糖，因此也称硫酸半乳糖（图5-1）。从单糖组成来看，紫菜多糖主要由半乳糖、岩藻糖、甘露糖、葡萄糖和木糖等单糖组成，是一种含糖醛酸的酸性异多糖；紫菜多糖中半乳糖和3,6-无水半乳糖的占比最高。不同品种紫菜提取的多糖结构有差异，如坛紫菜多糖和条斑紫菜多糖所含有的重复结构单元是不同的。紫菜多糖因分子量较大，溶解性差且黏度较高，导致生物活性的发挥受到一定限制，适度降解后有利于生物活性的提高。

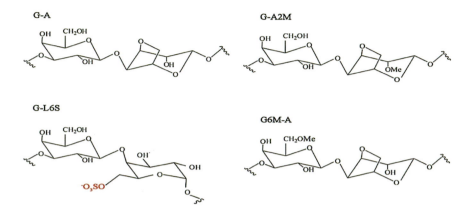

图 5-1　坛紫菜多糖结构图（Gong et al., 2018）

科普小知识

什么是单糖、低聚糖（寡糖）和多糖？

　　单糖是由一个单独的糖分子组成的碳水化合物，不能被水解成更简单的碳水化合物，常见的有葡萄糖、果糖和半乳糖等。低聚糖又叫寡糖，是由2～10个单糖分子组成的碳水化合物，可以被水解成单糖，常见有低聚果糖、低聚半乳糖等。多糖是由10个以上单糖分子组成的碳水化合物，可以被水解成寡糖或单糖，常见的有淀粉、纤维素和糖原等。单糖、寡糖和多糖在化学结构和生物学功能上存在很大的差异。

（2）藻胆蛋白

藻胆蛋白是藻红蛋白、藻蓝蛋白、别（变）藻蓝蛋白和藻红蓝蛋白的总称，是红藻、蓝藻、隐藻和少数甲藻中特有的捕光色素蛋白。紫菜中藻胆蛋白含量相对较高，可达干重的 25% ~ 28%，因此是提取藻胆蛋白的重要来源。紫菜中藻胆蛋白主要为藻红蛋白，其次为藻蓝蛋白和别藻蓝蛋白。

藻胆蛋白是一种聚合物，根据水解程度的不同，分子量也有较大的差异，且有研究发现，不同 pH 环境下藻蓝蛋白的分子量会发生变化。藻胆蛋白在人体内具有较好的生物活性，如抗氧化、抗肿瘤、提高机体免疫力以及促进铁的吸收等，被广泛应用于保健食品、化妆品、染料等领域，也可应用于临床医学诊断和免疫化学研究领域中，是保健品及药品制备的重要资源。藻红蛋白具有抗氧化活性，制备食品级的藻红蛋白可以作为添加剂用于脂质体－肉类系统。条斑紫菜中藻红蛋白能与胰岛素抗体发生免疫结合反应，具有降血糖应用前景。坛紫菜中藻蓝蛋白能刺激人 B 淋巴细胞增殖，还能抑制人前髓细胞（HL-60）的生长，具有抗肿瘤的作用（图 5-2）。

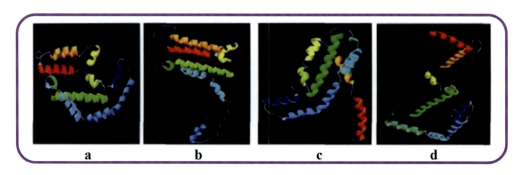

图 5-2　坛紫菜藻红蛋白、藻蓝蛋白亚基飘带结构（李春霞等，2011）

a. 藻红蛋白 α－亚基飘带结构　　b. 藻红蛋白 β－亚基飘带结构
c. 藻蓝蛋白 α－亚基飘带结构　　d. 藻蓝蛋白 β－亚基飘带结构

（3）紫菜多肽

由海洋生物蛋白降解生成的小分子多肽往往具有抗肿瘤、抗氧化、抗高血压、调节血糖血脂与调节免疫力等生物活性，而且作为天然产物来源的多肽生物安全性高，更突出了其吸收快、副作用小的优势。目前已有大量小分子肽药物纳入临床前期及早期阶段研究，也有上百种小分子肽药物已经上市。紫菜中蛋白含量较高、氨基酸丰富，经降解生成的多肽具有抗氧化、抗高血压、抗炎症、抗菌以及抗凝血等功效，具有广阔的海洋活性多肽的开发空间。

紫菜蛋白是一种大分子聚合物，通过不同手段对藻红蛋白、藻蓝蛋白等进行酶解获得的小分子多肽具备不同的结构特征，并可以根据不同的功能特性进行多肽制备工艺的筛选，如有针对性地制备抗氧化活性肽、抗菌肽与脯氨酰内肽酶（PEP）抑制肽等。功效显著的肽段可进行氨基酸序列测序与人工合成，从而实现产业化生产，应用于医学临床研究等领域（图 5-3）。

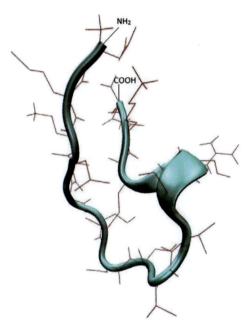

图 5-3　MD 模拟预测的肽结构（Azeemullah et al.，2019）

常见的海洋多肽产品有哪些?

肽 (peptide) 是指多个 α-氨基酸以肽键连接在一起形成的化合物, 也是蛋白质水解的中间产物, 通常将含有 10 个以下氨基酸残基的肽称为寡肽或小分子肽, 10 ~ 50 个氨基酸残基的肽称为多肽。

目前市面上常见的海洋活性多肽产品有鱼胶原蛋白肽、海参肽、牡蛎肽、南极磷虾肽、扇贝肽、蛤蜊肽、花胶肽等, 其中以鱼胶原蛋白肽、海参肽、牡蛎肽在市场中的应用最广、影响力最大, 被用于多种类型功能性食品的开发。

(4) 多酚类

酚类物质, 也称为单宁或多酚类化合物, 存在于各种陆生和海洋植物中。常见的儿茶酚、芦丁、橙皮苷都属于酚类化合物。目前已知的酚醛结构有 8 000 多种, 天然多酚的结构包括简单的分子如酚酸和其他简单的多酚化合物到更复杂的间苯三酚。多酚在海藻中的含量较高, 也是紫菜的功能性成分之一。由于它们具有较好的抗氧化、抗炎症、抗哮喘等功效, 常常被用作人类和动物饮食的重要组成部分。除此之外, 有研究结果证明了酚类化合物在预防心血管疾病 (CVDs) 和癌症方面的贡献, 并提出了它们在预防神经退行性疾病和糖尿病方面也能具有较好的作用。

紫菜中多酚具有独特的抗氧化能力体现在多个方面, 如具有超强的自由基清除能力, 通过清除自由基与抑制过氧化物的生成, 还可以抵抗紫外线照射对人表皮成纤维细胞产生的氧化损伤。此外, 紫菜多酚具有抑制 β-胡萝卜素亚油酸体系褪色能力，同时还有一定的亚铁离子还原能力，并且能够通过降低受损伤细胞的活性氧水平、增加细胞抗氧化物酶活性来降低氧化应激反应，实现对紫外线损伤细胞的有效保护。

富含多酚的食物有哪些?

　　富含多酚的食物有水果、蔬菜、谷物、豆类、巧克力、咖啡等。多酚的最佳来源之一就是水果，尤其是深色水果的多酚含量最高，如李子、樱桃和浆果等，草莓、蓝莓和树莓等浆果是鞣花酸（一种单宁酸）的良好来源，苹果、葡萄、梨、香瓜和蔓越莓的多酚含量也很丰富。蔬菜的多酚含量通常比水果低，洋葱、花椰菜、卷心菜、芹菜、香菜是黄酮醇和类黄酮的可靠来源。菜豆、豌豆和坚果都包含类黄酮，黄豆是大豆异黄酮的丰富来源。此外，全谷物食品、燕麦和黑麦也包含多酚。巧克力和咖啡包含大量酚酸（多酚的一种），咖啡和可可豆还包含咖啡酸和阿魏酸两种多酚物质。

（5）其他活性成分

　　除以上活性成分外，还从紫菜中分离到固醇类（包括 β－谷固醇、菜油固醇和胆固醇）、8－二羟基－9,10－蒽醌、(E)－N－2(1,3－二羟基－4－十八烯基)－十六酰胺、邻苯二甲酸二异丁酯、鲨肝醇以及半倍萜类化合物等。这些化合物在以往的研究中都显示出良好的活性作用，其中萜类等小分子活性成分是植物化学中常见的研究对象，这些成分通常具有抗炎症、抗氧化、抗癌、抗菌等功效；蒽醌类化合物包括了其不同还原程度的产物和二聚物，如蒽酚、氧化蒽酚、蒽酮等，以及这些化合物的甙类，具有止血、抗菌、泻下、利尿的作用；鲨肝醇具有促进白细胞增生及抗放射线的作用，可用于保湿眼霜的成分。随着紫菜的生物活性受到越来越多的关注，其功能活性成分的挖掘是接下来紫菜开发利用的重要研究方向。

紫菜有哪些保健功效?

（1）抗氧化

抗氧化作用是海洋活性物质功效中较为常见也是最为基础的一种。研究证明，人类多数疾病的发生与体内产生多余自由基而导致最终的细胞、组织和器官发生氧化损伤相关，长期的氧化损伤可间接导致身体的老化并诱发癌症、心血管疾病、糖尿病等慢性疾病的发生。脂质过氧化也会引发氧自由基连锁反应，损坏生物膜及其功能，最终造成皮肤、神经、组织以及器官的损伤。通过抗氧化作用，可对活性氧自由基进行清除，抑制脂质过氧化，从而实现对机体的保护作用。从紫菜中提取的多糖、多肽和多酚类物质等均具有良好的抗氧化作用，包括对 DPPH 自由基、ABTS 自由基、HO 自由基等具有良好的清除能力，使机体在对抗强氧化剂处理、紫外线照射等导致过多自由基产生氧化应激损伤方面提升自我保护能力，同时起到延缓衰老、抗肿瘤、降血压等功效（图5-4、图5-5）。

（2）抗肿瘤

肿瘤是指在致癌因素的作用下，机体的组织或细胞在基因水平上失去了正常调控能力，导致异常的细胞增生形成病变。挖掘具有抗肿瘤功效的天然产物，通过饮食调节进行肿瘤的预防或者对早期患者进行食疗干预是近年来的研究

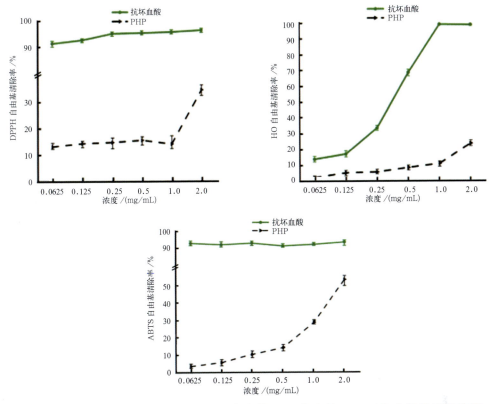

图 5-4　坛紫菜多糖（PHP）对 DPPH 自由基、HO 自由基、ABTS 自由基的清除作用
（Khan et al., 2020）

热点。

　　研究表明，紫菜多糖具有明显的抗肿瘤作用。有学者以条斑紫菜多糖和人肝癌细胞作为研究对象，结果发现经紫菜多糖处理后人肝癌细胞的增殖能力下降，细胞凋亡率升高，表明紫菜多糖对人肝癌细胞生长具有抑制作用。此外，紫菜多糖对于 Hep-2 细胞（人喉癌上皮细胞）与 A375 细胞（人恶性黑色素瘤细胞）的增殖也有显著的抑制作用。除紫菜多糖外，紫菜中的藻红素也具有抗肿瘤作用，有研究使用藻红素培养子宫颈癌细胞（HeLa）并将其注射于荷瘤小鼠，发现紫菜藻红素对 HeLa 细胞生长有明显抑制作用，一定剂量的紫菜藻红素可提高 S180 荷瘤小鼠的抗氧化能力，且脾脏和胸腺等免疫器官脏器指数显著增高，其作用机理可能是通过提高抗氧化能力和免疫调节来实现抗肿瘤的目的（图 5-6）。

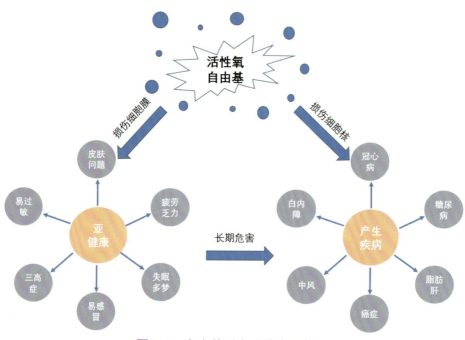

图 5-5　自由基对人体健康的危害

科普小知识

什么是自由基?

自由基, 化学上也称为"游离基", 是指化合物的分子在光热等外界条件影响下, 共价键发生均裂而形成的具有不成对电子的原子或基团。自由基是人体生命活动中各种生化反应的中间代谢产物。人体内的自由基分为氧自由基和非氧自由基, 其中氧自由基约占自由基总量的95%。氧自由基包括超氧阴离子 ($O_2^-\cdot$)、过氧化氢分子 (H_2O_2)、羟自由基 ($OH\cdot$)、烷过氧基 ($ROO\cdot$)、烷氧基 ($RO\cdot$)、氮氧自由基 ($NO\cdot$)、过氧亚硝酸盐 ($ONOO-$)、氢过氧化物 ($ROOH$) 和单态氧 ($^1O_2$) 等, 它们又统称为活性氧 (reactive oxygen species, ROS)。

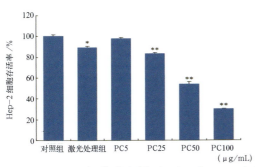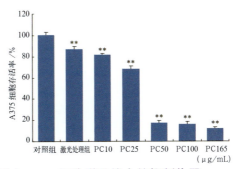

图 5-6　坛紫菜多糖（PC）对 Hep-2 细胞与 A375 细胞增殖能力的抑制作用
（Zhang et al., 2011）

注：* 表示显著性差异，** 表示极显著性差异。

（3）提高免疫力

人体的免疫系统在对抗外界侵扰、维护身体健康方面发挥着重要作用。人体免疫功能的缺陷会使机体抵抗外界侵犯的能力降低，易引发细菌、真菌及病毒的感染，导致免疫缺陷疾病的发生。常见的免疫缺陷疾病包括白血病、淋巴瘤、一般癌症、食物过敏、糖尿病及尿毒症等，如今此类疾病的发病率很高，尤其是在儿童群体中白血病的发病率逐年攀升，提升人体免疫力已成为目前发展健康产业的重中之重。

紫菜多糖具有一定的免疫调节功能。有研究发现一定浓度的紫菜多糖能够显著增强 DNFB（2,4- 二硝基 -1- 氟苯）诱导小鼠迟发型变态反应，并能增强 ConA（刀豆凝集素）诱导的脾淋巴细胞增殖能力，促进抗体生成细胞的生成，同时促进体液细胞白介素 2 数值的增加。也有研究发现紫菜胃蛋白酶提取物能够促进小鼠脾细胞增殖，对巨噬细胞、树突状细胞和记忆 T 细胞具有免疫刺激作用（图 5-7）。有学者研究发现口服坛紫菜提取的藻蓝蛋白能显著降低致敏小鼠的组胺释放，减轻过敏症状，修复空肠病理，结果证实紫菜蛋白可预防或治疗食物过敏反应，具有作为婴儿配方奶粉或抗过敏药物的原料等功能性食品的开发潜力。

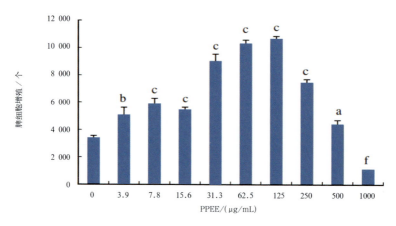

图 5-7　紫菜胃蛋白酶提取物（PPEE）对小鼠脾细胞增殖的影响
（Herath et al.，2017）

注：a、b、c 表示在不同显著性水平下与对照组相比均显著性增加，其中 a 为 $P<0.05$，b 为 $P<0.005$，c 为 $P<0.0005$；f 表示与对照组相比显著性减少（$P<0.0005$）。

（4）抗衰老

衰老是自然界最为常见的新老更替现象，人体的衰老不单单是表现在皮肤的松弛和长斑，更重要的是脏器功能的退化。随着生活水平的不断提高，人们对健康的关注也从治疗疾病层面上升到延长寿命层面。

紫菜中的蛋白成分与多糖成分均具有抗衰老的功效。有研究发现将条斑紫菜中提取的藻蓝蛋白喂食亚急性衰老模型的小鼠，胸腺指数和脾脏指数明显升高，体内多种抗氧化酶活力也显著提高，紫菜藻蓝蛋白显现出良好的抗衰老效果。还有研究使用果蝇模型与小鼠游泳模型来探究紫菜多糖的抗衰老活性，发现紫菜多糖可有效增强果蝇的飞行能力、延长果蝇的平均寿命，还可延长小鼠的体能和耐力。紫菜中的藻蓝蛋白和多糖可通过调节抗氧化系统与免疫系统来达到延缓衰老的目的。

（5）降血压

高血压是最常见的心血管疾病之一，也是诱发冠心病、心力衰竭等疾病的关键因素，在中老年人群与肥胖人群中的发病率极高。在高血压的预防控制过程中，营养学家建议除了减少钠盐的摄入外，还可通过日常食物保护心血管，降低高血压的发病率。与服用药物相比，食疗的最大优势在于安全性高、副作用小，且容易吸收。

多年来，科研工作者对紫菜提取物降血压功效的研究做了大量的工作，很多营养学家也表示每天吃点紫菜对辅助降血压有一定的帮助。为什么紫菜会有这方面功效呢？原来紫菜中的矿物质元素——钾、镁含量丰富。钾的摄入能促进钠的排泄，防止水钠潴留，对于降血压具有辅助功效；镁可以预防身体软组织的钙化，保护动脉血管的内皮层，从而达到预防动脉粥样硬化和降血压的目的。此外，研究者还发现条斑紫菜酶解制备的多肽对血管紧张素转化酶具有明显的抑制作用，说明其具备降血压的活性。还有实验以原发性高血压大鼠为动物模型，服用紫菜降血压肽的模型大鼠血压均显著下降，虽然下降速度略低于传统降压药卡托普利，但下降的稳定性优于卡托普利。因此，紫菜作为降压食物具有十分广阔的开发前景（表5-1）。

表5-1　长期喂食紫菜降压肽后大鼠血压值变化（王茵等，2010）

组别	血压				
	给药前	给药1周	给药2周	给药3周	给药4周
阴性对照组	193.1±2.9[a]	193.6±4.7[a]	192.2±3.7[a]	193.7±1.9[a]	194.4±5.3[a]
低剂量组	193.8±3.7[a]	178.9±3.4[**b]	174.1±2.7[**c]	173.1±1.3[**c]	172.6±2.4[**c]
中剂量组	191.3±3.8[a]	166.7±4.2[**b]	166.7±5.2[**b]	164.7±3.5[**b]	163.3±1.3[**b]
高剂量组	193.3±3.8[a]	158.3±4.6[**b]	158.3±5.7[**bc]	156.6±5.1[**c]	156.3±3.1[**c]
卡托普利组	195.3±3.3[a]	154.5±2.9[**b]	152.5±5.2[**bc]	149.2±4.6[**c]	148.3±4.1[**c]

注：与阴性对照组比较 *$P<0.05$，**$P<0.01$；同一行中上标字母不同代表有显著性差异（$P<0.05$），相同则无显著性差异（$P>0.05$）。

（6）调节肠道功能

近年来，随着肠道微生物学领域的深入发展与临床验证，进一步揭示了肠道菌群在调节人体健康方面具有重要作用，甚至可以称为人体"第二大脑"。许多因素如饮食、环境等都决定肠道菌群的类型及代谢情况，直接影响到是否存在肠癌的风险，间接会导致其他疾病的发生。

有相关研究报道，海藻中含有不能被肠道酶消化的多糖，其丰富的膳食纤维可影响葡萄糖苷酸酶、硝基还原酶、偶氮还原酶等有毒细菌酶的产生。因此有学者使用紫菜作为主要食物来源饲喂大鼠，发现喂食紫菜的大鼠粪便量增加且盲肠细菌酶活性降低，由此可见，食用紫菜可影响肠道菌群和代谢活性，可以有效减少相关酶参与产生的致癌物质。还有学者发现，食用紫菜后大鼠盲肠中双歧杆菌、消化球菌和拟杆菌等共生有益菌的比例增加，成为优势菌，而致病性金黄色葡萄球菌的比例显著下降，表明紫菜在维持肠道生态平衡和改善微环境方面起到了重要作用（图5-8）。

调节脂肪存储
调节骨质密度
促进血管生成
调节胰岛素敏感性
促进免疫系统的发育和训练
对抗病原体
影响维生素和氨基酸的生物合成
分解食物成分
代谢药物
调节神经系统

图 5-8　肠道菌群与机体代谢的关系

（7）促进重金属排出

重金属，是指密度大于 $4.5g/cm^3$ 的金属，包括金、银、铜、铁、汞、铅、镉等，其中有害重金属在人体中累积达到一定程度，对人体神经系统、呼吸系统、脏器、血液、骨骼等都可能有毒害作用。有学者开展了大量研究并发现海藻及海藻多糖对重金属具有促排作用。以污染重金属铅的大鼠为研究对象，喂食条斑紫菜和坛紫菜有利于大鼠体内铅的排出，尤其是肾脏中铅含量显著降低，且食用的紫菜量越多，促排效果越好。此外，紫菜还具有促进染铅大鼠生长，增强染铅大鼠抗氧化系统的作用。紫菜对重金属镉也具有类似促排作用。因此，对于存在铅、镉等毒害风险的特殊作业人群可通过食用适量的紫菜达到促进体内重金属排出的目的（图 5-9）。

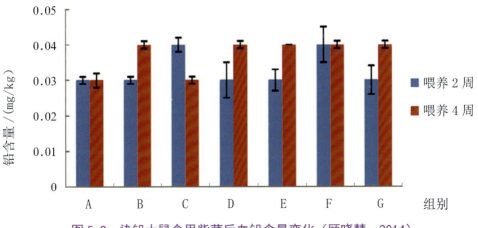

图 5-9　染铅大鼠食用紫菜后血铅含量变化（顾晓慧，2014）

（8）其他功效

除了上述功能活性外，相关研究还证实了紫菜具有抗辐射、防晒、促进骨骼和牙齿生长、增强记忆力等功效。此外，条斑紫菜多糖还具有提高人脐静脉内皮细胞模型中细胞的增殖、黏附、迁移和血管网络的形成，在开发新型促血管生成营养因子、预防和治疗心脑血管疾病方面具有潜在价值。随着紫菜中生物活性成分不断被挖掘，紫菜在功能性保健食品开发领域受到了越来越多的关注。居民保健意识的增强与科技研发能力的提升也有助于挖掘紫菜更多的生物活性和潜在价值，逐步拓宽其在功能保健食品及新型药物领域的应用。

第二节　特殊人群食用紫菜禁忌

甲状腺功能异常患者能食用紫菜吗？

甲状腺疾病分为甲状腺功能亢进（简称"甲亢"）和甲状腺功能减退（简称"甲减"），而大家关注度最高的也是目前高发的甲状腺结节既不是甲亢，也不是甲减。但有的结节可能会造成甲状腺功能亢进，很少会造成甲状腺功能减退（图5-10）。

与甲状腺疾病相关的主要是碘元素，碘是合成甲状腺激素重要的原料之一，生命早期碘缺乏，影响个体认知及生长发育；成人期碘缺乏，根据碘缺乏程度的不同对甲状腺健康的影响也不同，重度缺碘可造成"甲减"，而轻、中度缺碘则可能增加"甲亢"、结节性甲状腺肿、甲状腺自主功能结节的患病风险。而碘过量也会对甲状腺健康造成影响，国际权威学术组织于2001年首次提出了碘过量的定义（尿碘大于300 μg/L），一致认为碘过量可导致甲状腺功能减退症、自身免疫甲状腺病和乳头状甲状腺癌的发病率显著增加。

由于近年来我国各地的甲状腺疾病发病率较高，市民对于食品中是否含碘比较关注。因此，对于海带等含碘丰富的藻类，很多消费者避而远之。尽管紫菜中的碘含量不高，一些甲状腺疾病患者也会对食用紫菜产生一定的顾虑。其实，紫菜中的碘含量是远低于海带的，每公斤干紫菜中的碘含量仅约为18mg，而且在食用之前的清洗和浸泡过程会造成碘的大量流失，真正进入人体的只是很小的一部分；其次，有研究表明海藻提取碘与传统补碘剂在肠道的转运吸收特性存在较大差异，不同来源碘对人体的生物安全性均有待进一步探究；再者，《本草纲目》中提到紫菜有软坚散结的作用，适量紫菜的食用可能对甲状腺结节有调理作用。若因此放弃了喜爱的紫菜，岂不是可惜了这人间美味？

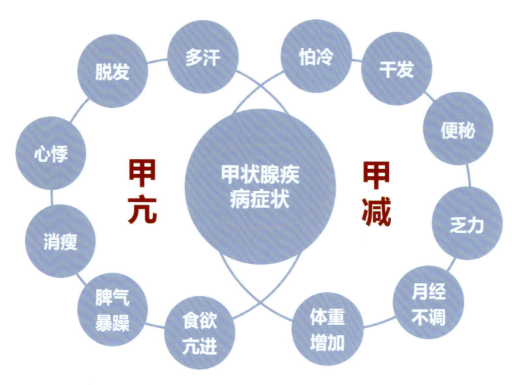

图 5-10　甲状腺疾病症状

科普
小知识

不同人群每天摄入多少碘合适？

　　《中国居民膳食营养素参考摄入量　第 3 部分：微量元素》（WS/T 578.3 － 2017）中规定了中国居民不同性别、年龄及生理状况人群的碘参考摄入量：0 ~ 0.5 岁为 85μg/d，0.5 ~ 1 岁为 115μg/d，1 ~ 11 岁为 90μg/d，11 ~ 14 岁为 110μg/d，14 岁以上为 120μg/d，孕妇为 230μg/d，乳母为 240μg/d。

高尿酸血症患者能食用紫菜吗？

高尿酸血症是指在正常嘌呤饮食状态下，非同日两次空腹血尿酸水平男性高于 420 μmol/L，女性高于 360 μmol/L。高尿酸血症由体内尿酸生成过多或者排泄过少所致，主要是由于进食较多含嘌呤高的食物或由高血压、糖尿病、高甘油三酯及代谢综合征、冠心病、肾脏损害等疾病引起。尿酸盐结晶沉积在关节、软骨及肾脏等组织中引起的反复发作性炎性疾病，即为痛风。高尿酸血症是痛风的发病基础，但是不一定发展为痛风。有的患者可以终身只有高尿酸血症，而没有痛风的表现。此类疾病高发于 30 周岁以上男性，且发病率逐年升高，目前在很多青少年中也已成为常见现象。嘌呤、尿酸和痛风三者的关系见图5-11。

高尿酸血症患者最需要注意的就是调节饮食结构，尤其是减少食物中嘌呤的摄入。紫菜中的嘌呤含量大于 150mg（每 100g），属于高嘌呤食物，在痛风的急性发作期不能食用。但由于紫菜一般为干制品，食用量较低，适量食用不会摄入过多的嘌呤，因此在痛风的非发作期可以适量食用。

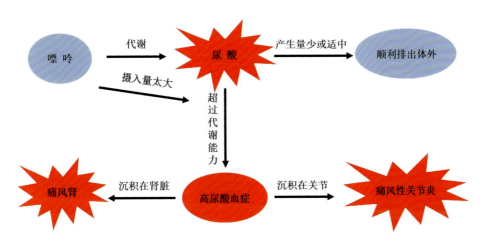

图 5-11　嘌呤、尿酸和痛风三者的关系

哪些食物中嘌呤含量较高？

根据嘌呤的含量可以将食物分为高嘌呤食物、中嘌呤食物和低嘌呤食物。

高嘌呤食物：嘌呤含量大于150mg（每100g），包括动物内脏，部分鱼（凤尾鱼、带鱼、沙丁鱼、鳕鱼、秋刀鱼、黄鱼等）、虾、蟹、贝类等海鲜，鸡汤、肉汤，部分豆类（黄豆、蚕豆等）和菌菇类，紫菜等。

中嘌呤食物：嘌呤含量为50～150mg（每100g），包括鸡肉、鸭肉、鹅肉、猪肉、牛肉、羊肉，部分水产品和豆制品，花生、腰果、芝麻等坚果。

低嘌呤食物：嘌呤含量小于50mg（每100g），包括各种新鲜的水果、蔬菜，鸡蛋、牛奶等。

 儿童食用紫菜应注意什么？

前面提到了紫菜具有丰富的营养价值和活性功效，对于促进儿童生长发育无疑是非常优质的食物，尤其是紫菜中含有丰富的膳食纤维，有助于胃肠消化，可以适当食用。目前紫菜制成的海苔食品种类越来越丰富且风味独特，因此深受小朋友的喜爱，但儿童在食用这类小零食时需要注意：这些小零食除了紫菜外，还添加了很多配料，包括盐、油、糖、坚果等，这些物质摄入过多会对机体带来负面影响，因此这类小食品不宜过多食用。建议消费者在选购海苔食品时注意包装上的营养成分表，尤其是钠和脂肪的含量（表5-2）。此外，海苔为干制品，因此在食用时应多补充水分。

表 5-2　有机海苔（低盐低脂肪）营养成分表

项目	每 100g	NRV/%
能量	1 493kJ	18
蛋白质	50.5g	84
脂肪	1.4g	2
碳水化合物	34.3g	11
钠	520mg	26
钙	232mg	29
铁	12mg	80

第六章

紫菜产品与质量安全

第一节　紫菜的产品类型与加工工艺

紫菜主要的产品类型有哪些?

在中国古代，紫菜以野生为主，其加工食用方法简单。人们将洗净的鲜紫菜晒成"散菜"，或者将鲜紫菜摊放在竹帘上，晒干后即成方形或圆形的"菜饼"或索状的"索菜"，一般用来做汤。在日本与韩国等国家，紫菜则是紫菜包饭卷与寿司的主要原料之一。随着冻网技术和大型自动干燥机的普及，使得紫菜的养殖和加工技术日趋成熟，产品形式也日益丰富。市面上常见的紫菜产品类型包括干紫菜、原味烤紫菜与调味烤紫菜。干紫菜是由新鲜条斑紫菜或坛紫菜直接加工而成，而原味烤紫菜与调味烤紫菜则是在干紫菜的基础上，经过进一步的烤制、调味等加工而成的即食紫菜。紫菜经过加工可制成多种方便食品，如寿司紫菜、紫菜卷、紫菜夹心脆、紫菜片、芝麻紫菜碎等，因其口感酥脆可口，深受消费者喜爱。另外还可以利用紫菜本身的鲜咸特质，将紫菜做成紫菜酱、酱油等调味品，使得紫菜的消费量和产值得到进一步的提高。

（1）干紫菜

干紫菜是以新鲜的条斑紫菜或坛紫菜为原料，经拣选、清洗、去杂、切割（切碎）、成型（或不成型）、干燥等工序加工制成的非即食产品。干条斑紫菜的主流产品为 21cm×19cm 规格的片张（图6-1），每张约3g，主要用作原味烤紫菜和调味烤紫菜的原料。干坛紫菜的主流产品为圆饼状（图6-2），也有条状、薄片状或其他形状，直接上市销售，主要用于做紫菜汤、紫菜煲、拌紫菜等。

图 6-1　干条斑紫菜

图 6-2　干坛紫菜

（2）原味烤紫菜（寿司紫菜）

　　原味烤紫菜是主要以干条斑紫菜为原料，仅经过烘烤而未经调味的产品，也有少量以干坛紫菜为原料加工成的产品，主要用作寿司、包饭等，也可直接食用（图6-3）。

图 6-3　原味烤紫菜（寿司紫菜）

（3）调味烤紫菜（海苔）

调味烤紫菜是以干紫菜为原料，经过烤制和调味得到的产品，通常称为海苔。在烤制调味过程中可以添加食用油、芝麻、坚果、果干碎等，主要产品有原味、烧烤味、番茄味等多种调味的烤紫菜（海苔）片、调味烤紫菜（海苔）卷、紫菜（海苔）夹心脆等。原味海苔片是指仅添加了调味的盐、油等，也属于调味烤紫菜。现在还有一种产品深受消费者欢迎，即在调味碎紫菜中加入芝麻、坚果碎、肉松及果蔬类、蛋类、豆类碎末等混合均匀制成即食拌饭紫菜制品，也称紫菜（海苔）碎或拌饭海苔（图6-4）。

海苔片　　　　　　　　　　　　　海苔丝

海苔卷　　　　　　　　　　　　　夹心海苔

肉松海苔卷　　　　　　　　　　　芝麻海苔碎

图 6-4　各种形式的调味烤紫菜产品

（4）冲泡类调味紫菜

冲泡类调味紫菜，主要以干坛紫菜为原料，经过破碎、烘烤（或炒制）得到的产品。此类产品经过调味或配以调料包，在食用前用沸水冲泡即可，方便食用，主流产品为紫菜汤（图6-5）。随着生活节奏的加快，冲泡类调味紫菜产品日益受到消费者的欢迎。

图 6-5　紫菜汤

（5）紫菜酱

紫菜酱是以鲜紫菜为主要原料，可配以其他海产品，经过高温蒸煮、打浆、调味、杀菌等工艺制成的产品（图6-6），具有浓郁的特殊芳香，柔嫩滑润、鲜甜适中，是一种优良的佐餐小菜和调味制品。

图 6-6　紫菜酱

（6）其他紫菜制品

紫菜还被开发成其他形式的产品，例如紫菜酱油、紫菜酒等。紫菜酱油是在基础酱油里加入一定配比的紫菜，然后进行保温抽提而成，或在酱油酿制过程在基础原料中加入紫菜，经过一定的酿造工艺制成的酱油产品。紫菜酒则是以紫菜为原料，经过酶解、过滤，加入酵母、维生素和葡萄糖等使之发酵制成的酒产品。

紫菜产品是如何加工出来的？

目前紫菜的机械加工分为一次加工（初加工）和二次加工（深加工）两种。

紫菜的一次加工也可称之为初加工，是将刚采收的鲜紫菜经拣选、清洗、去杂、切割（切碎）、成型（或不成型）、干燥等工序加工制成的干紫菜产品。干条斑紫菜一般不直接进入市场销售，主要作为二次加工紫菜的原料，极少量作为散菜直接流入市场；干坛紫菜则可直接上市销售，食用前需要经过熟制处理。

紫菜的二次加工也可称之为深加工，是将一次加工后的干紫菜进行烘烤、调味、夹心、分割、包装等制成即食的原味烤紫菜和调味烤紫菜等制品。产品特点是香脆可口、味道鲜美，产品加以精美包装，不但提高了商品的档次，而且创造了可观的经济效益，产品一上市，就受到消费者特别是小朋友们的青睐。

（1）干条斑紫菜的加工工艺

干条斑紫菜是一次加工的紫菜产品，其加工工艺如图 6-7 所示。

图 6-7　干条斑紫菜的加工工艺流程

原料验收：

检查进厂的每批原藻的养殖海域、新鲜度、色泽、气味、是否掺杂泥沙、杂藻和病烂菜占比等。

暂存：

不同采收时间、不同产区的原藻分开暂存，暂存有以下两种方式：

a) 常温晾放: 选择阴凉通风处, 避免日晒, 将原藻摊开于晾晒架上, 保持透气, 暂存时间不超过 24h。

b）海水暂存：将原藻放入盛有海水的暂存池中，机械搅拌，必要时可充氧，暂存时间根据水温确定。

去杂和清洗：

采用手工剔除杂藻、塑料丝、草屑以及其他可见杂物。

挑拣后的原藻放入盛有海水的清洗池中，机械搅拌（必要时可充氧），采用流水清洗原藻上附着的泥沙和其他杂质。根据原藻的泥沙含量、杂质附着程度适时调整清洗用水量及清洗时间，清洗至排水口无泥沙排出。

原藻清洗后采用异物去除机再次去除杂物。

脱水：

去杂后的紫菜用离心机进行脱水，也可采用其他方式脱水。

切菜：

脱水后的紫菜采用切菜机切碎。根据原藻采收时期的不同选用适宜的刀片、孔盘和机器转速。保持切菜刀片锋利。

二次清洗：

切碎后的紫菜用淡水进行二次清洗。根据原藻采收时期的不同调整洗涤时间和用水量，清洗2次。

清洗过程中可采用磁棒去除金属异物。

调和：

是指将切碎的紫菜和淡水分别输送入调和机中，制成均匀的紫菜混悬液。

根据紫菜片张的厚薄（重量）要求调整紫菜和淡水的比例。

浇饼和脱水：

通过浇饼机将紫菜混悬液注入浇饼框中，确保各浇饼框内的菜量均匀一致。浇饼时保持浇饼阀无漏水现象，模板水平。

采用海绵挤压浇饼框脱水两次，第二次脱水压力略大于第一次脱水压力，保持脱水压力均衡。挤压过程中保持脱水海绵及脱水海绵罩洁净，定期更换海绵，保持清洁度。

干燥：

脱水后的紫菜片随传送带进入干燥室进行干燥，干燥后紫菜片的水分含量不宜高于14%。

干燥后的紫菜片从帘片上自动剥离。检查剥离后的紫菜片是否出现片张破损、光洁度不足、缩边、提前剥离、干燥不足、白斑等现象，若出现这些现象时调整室内温湿度，必要时停机检查。

分拣：

干燥后的紫菜片每50张为一组进行分拣，采用人工分拣或异物自动选别机剔除皱、破损、有空洞、含贝壳、沙砾、金属物或其他异物等次品菜。

二次干燥：

分拣后的紫菜每百张以硬纸板分隔装入再干屉内，放入二次干燥机中进行干燥。采用阶段升温或曲线升温方式进行干燥，根据菜质和水分含量调整干燥温度与时间。

经二次干燥后终产品的水分含量不能高于7%。

分级：

根据GB/T 23597的规定进行产品分级。

包装：

采用清洁、干燥、无毒、无异味、符合相关食品安全标准的包装材料密封包装产品。

　　将密封包装后的产品装入牢固、防潮、不易破损的纸箱，箱中产品排列整齐（图6-8）。

图6-8　干条斑紫菜的生产

干条斑紫菜的生产

（2）干坛紫菜的加工工艺

干坛紫菜是一次加工的坛紫菜产品，其加工工艺如图6-9所示。

原料验收 → 暂存 → 去杂 → 清洗 → 脱水 → 成型 → 干燥 → 包装

图6-9　干坛紫菜的加工工艺流程

原料验收：

原料应为新鲜坛紫菜原藻，无红变、无异味、未经淡水浸泡。

不同采收时间、不同产区的坛紫菜原藻应分开存放，注明该批原料的基本信息（采收时间、海区、茬数、重量等）。

每一批次进厂的坛紫菜原藻均应抽检，检验指标为色泽、气味、是否经过淡水浸泡等，验收合格的原料方可加工。

暂存：

坛紫菜原藻进入加工企业后，应按原料进厂顺序尽快进行加工。无法及时加工的可常温晾放、低温冷藏或海水暂存。

去杂：

坛紫菜原藻应先去杂，剔除鲜菜中的杂藻、塑料丝、草屑等可见杂质。

清洗：

去杂后的坛紫菜原藻放进清洗机或清洗池中，用清洁海水或饮用水洗净坛紫菜原藻上附着的泥沙和其他杂质。清洗用水水温应低于 20℃。

清洗过程，根据坛紫菜原藻的泥沙含量、杂藻附着程度以及不同采收期适时调整清洗用水量及清洗时间，洗涤至排水口无泥沙排出为止。

海水清洗的坛紫菜原藻，最后需用流动的淡水漂洗。

脱水：

清洗后的坛紫菜原藻先沥水，然后采用离心机或其他适当方式进行脱水。

成型：

脱水后的坛紫菜可根据需求放入特定形状的模具。

所用模具的材料应无毒、无害、无异味、不吸水，质量应符合相应的食品安全国家标准规定。

制作的坛紫菜形状一致，厚薄基本均匀。凡有单片重量要求的产品，应根据规格要求放入对应的模具中。

机械化生产线加工坛紫菜的，先成型，再采用海绵挤压脱水。

干燥：

宜采用连续式干燥设备，进风口温度不应高于 70℃，出风口温度不宜低于

40℃。干燥时间应控制在 3 h 以内。

干燥后应尽快剥菜，轻拿、轻放，放置于阴凉干燥处。也可以采用日晒等其他干燥方式。

包装：

将产品冷却至室温后再进行称重和包装。

包装材料应清洁、干燥、无毒、无异味，符合相关食品安全标准和运输的规定。

产品应密封包装后装入纸箱。箱中产品要排列整齐，应有产品合格证。包装应牢固、防潮、不易破损（图 6-10）。

图 6-10　干坛紫菜的生产

干坛紫菜的生产

（3）原味烤紫菜的加工工艺

原味烤紫菜产品是二次加工紫菜产品，其加工工艺如图 6-11 所示。

图 6-11　原味烤紫菜的加工工艺流程

原料验收：

选择片张完整、大小均匀、无杂质的薄片型干紫菜作为原料。

干紫菜预处理：

对干紫菜原料进行预烘，保持原料有一定的干燥度。如果原料菌落总数超标，可以采用特定的杀菌技术进行处理，降低原料中菌落总数。

异物和形态分拣：

采用人工方式对干紫菜进行分拣，剔除含有异物或形态不良的片张。

金属检测：

采用金属探测仪对干紫菜进行检测，剔除含有金属异物的片张。

烘烤：

将干紫菜放入自动烘烤机，控制好烘烤温度和时间，使紫菜烤出应有的色泽和香味，避免烤皱、烤焦。

目视检查：

经过人工目视挑选，剔除焦、糊、带硅藻、皱缩、破洞较大及有杂质的紫菜。

计数：

对烘烤后的紫菜片张进行计数。

切割：

根据生产要求，切割成不同规格大小，应切口整齐、大小均匀、无破损。

金属检测：

对切割后的烤紫菜产品再次采用金属探测仪进行检测，剔除含有加工过程带入金属异物的产品。

包装：

对切割后的烤紫菜按要求的数量进行密封包装，包装材料应清洁、干燥、无毒、无异味，符合相关食品安全标准和运输的规定。

产品包装后装入纸箱，箱中产品要排列整齐，并附产品合格证。纸箱应牢固、防潮、不易破损。

寿司紫菜的生产

（4）调味烤紫菜的加工工艺

调味烤紫菜产品也是二次加工紫菜产品，是在原味烤紫菜产品工艺的基础上添加调味料和辅料制成，其加工工艺如图 6-12 所示。

图 6-12　调味烤紫菜的加工工艺流程

基本操作同原味烤紫菜，不同的工艺有以下 3 项。

烘烤：

大部分调味烤紫菜是采用烘烤方式，将干紫菜放入自动烘烤机，控制好烘烤温度和时间，使紫菜烤出应有的色泽和香味，避免烤皱、烤焦。

调味料和辅料喷涂：

将调味料放入调理盒内，控制好入味烤制的温度和时间，调节调味料浇喷量，使调味料均匀喷洒在紫菜表面，调制出应有的味道，避免调料太少或太多。如果需要添加其他辅料如芝麻、坚果等，则将辅料放入辅料盒内，将辅料均匀喷洒到调味后的紫菜片张表面。

二次烘烤：

将调味后的紫菜放入烘烤机，烘干紫菜因调味所含的水分，达到口感酥脆的目的。控制好烘干温度和时间，确保烘干彻底，避免烤糊（图 6-13）。

其余操作：

其余操作同原味烤紫菜。

紫菜烘烤

产品包装

图 6-13　烤紫菜的生产

海苔的生产

紫菜汤的生产

第二节　紫菜标准与质量评价指标

国内外与紫菜相关的标准有哪些?

　　国外仅有国际食品法典（Codex Alimentarius Commission，CAC）亚洲区域紫菜标准，国内则制定了涵盖紫菜种质、苗种、养殖、加工技术规程、检测技术、产品等领域的相关标准，截至 2023 年 5 月，紫菜相关的国际、国家和行业标准见表 6-1。

紫菜关键质量指标有哪些?

（1）国际标准

　　随着全球经济一体化的发展，中、日、韩三国在世界紫菜贸易中的竞争愈演愈烈。由于缺少国际标准，紫菜的国际贸易都是进出口双方根据产品的规格、品质等要求签订合同来约束贸易产品的付货质量。为了规范紫菜产品质量、促进国际贸易，紫菜国际标准应运而生，并成为紫菜产品国际贸易规则的重要内容。2011 年 7 月，在第 34 届 CAC 大会上，通过了由韩国牵头制定 CAC 亚洲区域紫菜标准的提案，由此拉开了中、日、韩三国联合制定 CAC 亚洲区域紫菜标准的序幕，由中国水产科学研究院黄海水产研究所牵头我国的标准制定工作。历时 7 年，经过多次的多边会谈和协商，标准于 2016 年通过最终审定，于 2017 年发布（CXS 323R—2017 Regional standard for laver products）。标准中规定产品应保持紫菜特有的风味和色泽，并能体现其原料和加工方式，且不应有异味，水分和酸价要求见表 6-2。

表 6-1 紫菜相关标准

序号	标准名称	标准编号	标准类型	所属领域
1	CAC 亚洲区域紫菜产品标准	CXS 323R—2017	国际标准	产品
2	干紫菜质量通则	GB/T 23597—2022	国家标准	产品
3	海苔	GB/T 23596—2024	国家标准	产品
4	干条斑紫菜加工技术规程	SC/T 3014—2022	行业标准	加工规程
5	干制坛紫菜加工技术规程	SC/T 3052—2018	行业标准	加工规程
6	出口紫菜、海带、羊栖菜中六溴环十二烷含量的测定	SN/T 3871—2014	行业标准	检测方法
7	条斑紫菜	GB 21046—2024	国家标准	种质
8	坛紫菜	SC/T 2082—2018	行业标准	种质
9	条斑紫菜 种藻和苗种	SC/T 2063—2014	行业标准	苗种
10	坛紫菜 种藻和苗种	SC/T 2064—2014	行业标准	苗种
11	坛紫菜苗种繁育技术规范	SC/T 2119—2022	行业标准	养殖
12	条斑紫菜 半浮动筏式栽培技术规范	GB/T 35897—2018	国家标准	养殖
13	条斑紫菜 全浮动筏式栽培技术规范	GB/T 35898—2018	国家标准	养殖
14	条斑紫菜 海上出苗培育技术规范	GB/T 35899—2018	国家标准	养殖
15	条斑紫菜 冷藏网操作技术规范	GB/T 35907—2018	国家标准	养殖
16	条斑紫菜 丝状体培育技术规范	GB/T 35938—2018	国家标准	养殖

表 6-2　紫菜的质量要求

指标	产　品	限量
水分	干紫菜产品	14%
	二次干燥产品	7%
	烤紫菜产品	5%
	调味紫菜产品	5%
	冲泡类调味紫菜	10%
酸价	经油炸或用食用油处理过的调味紫菜产品	3.0mg KOH/g

（2）国家标准

①干紫菜

　　为了规范紫菜产品质量，国家标准化管理委员会于 2009 年发布并实施了国家标准《干紫菜》（GB/T 23597—2009），在当时的生产及加工技术条件下，干紫菜国家标准在规范我国干紫菜的生产，提高产品质量，维护了生产者和消费者的合法权益等方面发挥了重要作用。但是在参加亚洲区域紫菜标准制定过程中，发现我国紫菜国家标准与当前紫菜生产与贸易存在诸多的不一致，亟需进行修订，由中国水产科学研究院黄海水产研究所承担《干紫菜》（GB/T 23597—2009）的修订任务。经过 8 年的努力，国家标准《干紫菜质量通则》（GB/T 23597—2022）于 2022 年 4 月 15 日发布，并于 2023 年 5 月 1 日正式实施。标准中的主要质量指标规定如下。

　　感官要求：

　　干紫菜的通用感官要求见表 6-3。

表 6-3　干紫菜的通用感官要求

项目	要求
色泽	呈黑褐色、褐色、黄褐色，有光泽
口感	鲜香细嫩，有弹性或韧性
形态	呈圆饼状、方形、片状或其他不规则形状，形态一致，厚薄均匀，无霉变
气味	具有紫菜固有的鲜香气味，无异味
杂质	无正常视力可见的外来杂质，允许有少量硅藻、绿藻等杂藻

薄片型干紫菜的感官要求应符合表 6-3 和表 6-4 的规定。

表 6-4　薄片型干紫菜的感官要求

项目	要求				
	一级	二级	三级	四级	五级
色泽	呈深黑褐色，光泽极明亮	呈深黑褐色、微红褐色、微青褐色，颜色略浅于一级，光泽明亮	呈黑褐色、褐色，颜色略浅于二级，光泽亮	呈浅黑褐色或红褐色，略有微黄，略有光泽	浅黑较黄，光泽偏暗
形态	片张平整、厚薄均匀、边缘整齐，无缩边、菊花斑、僵斑、死斑	片张平整、厚薄均匀、边缘较整齐，有少量缩边，无菊花斑、僵斑、死斑	片张基本平整、厚薄较均匀、边缘较整齐，有少量缩边，无菊花斑、僵斑、死斑	片张基本平整、厚薄较均匀，有少量缩边，无菊花斑、僵斑	片张较平整、厚薄较均匀，有不影响食用的皱纹、缩边、菊花斑、僵斑、死斑
缺陷	无破损、裂缝、孔洞	无破损、裂缝，允许 5% 以下的片张中有 2mm 以下孔洞不多于 5 个	允许 5% 以下的片张中有 5mm 以下的缺角、缺边或裂缝，以及 3mm 以下孔洞不多于 4 个	允许 5% 以下的片张中有 10mm 以下的缺角、缺边或裂缝，以及 3mm 以下孔洞不多于 4 个	允许有不影响食用的少量孔洞、破损等缺陷
杂藻	不允许含有硅藻、绿藻等杂藻	允许 5% 以下（含）的片张中面积不超过 3mm×3mm 的绿藻、硅藻等杂藻斑点数量 1～3 个	允许 5% 以下（含）的片张中面积不超过 5mm×5mm 的绿藻、硅藻等杂藻斑点数量 4～5 个	允许 10% 以下（含）的片张中面积不超过 5mm×5mm 的绿藻、硅藻等杂藻以及死斑斑点数量 6～7 个	允许有不影响食用的绿藻，允许 20% 以下（含）的片张中面积不超过 5mm×5mm 的硅藻、死斑斑点数量 6～7 个

尺寸和重量：

每张薄片型干紫菜的尺寸应为 21cm×19cm（允许误差 ±5mm），每百张薄片型干紫菜重量应为 280 ～ 330g。

水分：

薄片型干紫菜的水分含量 ≤ 7g（每 100g），其他干紫菜的水分含量 ≤ 14g（每 100g）。

②海苔及其制品

《海苔及其制品质量通则》（GB/T 23596—2024）标准对海苔（烤海苔和调味海苔）和海苔制品的质量做出了规定，其中感官要求见表 6-5，理化指标要求见表 6-6。

表 6-5　海苔及其制品的感官要求

项目	要求	
	海苔	海苔制品
色泽	呈绿色至黑褐色，允许有添加辅料的色泽斑点	具有海苔制品应有的色泽，色泽基本均匀，允许有添加辅料的色泽斑点
滋味气味	具有海苔应有的滋味和气味，无异味	具有海苔制品应有的滋味和气味，无异味
组织形态	口感酥脆，呈片、条、卷、颗粒或其他不规则状，同一品种大小基本均匀	
杂质	无正常视力可见的不可食用的外来异物，允许少量硅藻、绿藻、红藻等可食用杂藻存在	

表 6-6　海苔及其制品的理化指标要求

项目	要求		
	海苔		海苔制品
	烤海苔（烤紫菜）	调味海苔（味附海苔、调味紫菜）	
水分 /g（每 100g）	≤ 5.00	≤ 5.00	≤ 7.00
蛋白质 /g（每 100g）	≥ 15.0	≥ 15.0	≥ 6.0
总膳食纤维 /g（每 100g）	≥ 10.0	≥ 10.0	≥ 9.0
氯化物（以 NaCl 计）/g（每 100g）	—	≤ 6.00	—
酸价 [a]（以脂肪计）（KOH）/（mg/g）	—	—	≤ 3.0
过氧化值 [a]（以脂肪计）/g（每 100g）	—	—	≤ 0.50（0.80[b]）

注：a 仅限于添加坚果和籽类海苔制品；b 指标适用于添加葵花籽的海苔制品。

第三节　紫菜的质量鉴别与保存

 消费者如何选购优质紫菜？

在日常消费中选购紫菜，不可能进行复杂的营养成分的分析，只能通过紫菜的感官快速地判定紫菜的品质，具体称为"望""闻""观""色""尝"，包括以下几个方面：

"望"——看形态。优质的干紫菜形态基本一致，无霉变；同等重量干紫菜体积越蓬松越好，头水紫菜呈细长条形，末水紫菜叶片较宽。

"闻"——闻气味。优质的干紫菜具有紫菜固有的鲜香气味，无异味。如果有腥臭味、霉味等异味，则说明紫菜已经变质了。

"观"——观状态。好的干紫菜干燥，没有沙子、杂质。如果紫菜表面摸起来比较潮湿，说明紫菜已经返潮，品质下降；仔细观察紫菜表面是否有沙子、杂质。

"色"——看颜色。优质紫菜，特别是头水紫菜呈黑紫色，表面有光泽；开水烫煮后，呈现绿色；冷水泡发后，呈现淡紫色或紫红色。随着采收次数增加，黄度会增加，品质差的末水紫菜呈青绿色；高温高湿贮存不当的紫菜颜色会变红。

"尝"——尝口感。优质头水紫菜口感鲜香、柔软细腻，有弹性，入口即化；末水紫菜韧性较大、较难嚼烂（图6-14）。

图 6-14　干紫菜

真的有塑料紫菜吗？

　　紫菜可以说是厨房里少不了的一道寻常菜，用来做汤也是一种美味。然而，曾在 2017 年发生过"塑料紫菜"的风波，"紫菜竟是用废塑料做成的"视频在网络上大量转发，视频中市民说，买的紫菜泡水后，很难扯断，她怀疑自己买到了用废塑料制成的假紫菜了！那么真的有塑料紫菜吗？该事件引发了消费者的怀疑，影响了消费信心。后经有关部门核实，该事件的始作俑者散布的是谣言，目的是向企业敲诈勒索，该人也受到了相应的法律制裁。

　　目前大多数的紫菜都是人工栽培（图 6-15），有点像割韭菜，越是早收的紫菜，泡发后口感越鲜嫩，富有光泽。越是晚收的紫菜则口感越老、更韧，品质会略差。网络视频中的紫菜就是典型的末水紫菜。不过即便是末水的紫菜，其韧性也远远低于黑色塑料袋，在气味、味道上也有天壤之别，不可能发生混淆。紫菜本身价格不贵，但再生塑料的价格一路上涨。再考虑到回收塑料、压缩加工等流程，复杂的工序、时间和原料成本导致总体成本要高于普通紫菜，商家用塑料当紫菜这种行为无利可图。因此，从造假成本和动机上分析，不应该存在塑料紫菜。

图 6-15 养殖紫菜

为验证"塑料薄膜做紫菜不靠谱"，北京市食品安全监控和风险评估中心实验室对 45 个紫菜样品和 3 个塑料薄膜样品进行了鉴别。从外观看，紫菜和塑料袋断面微观形貌具有明显差异。紫菜的断面结构复杂，两侧分别有两层薄膜，中间夹着排列整齐的一个个紫菜细胞，而塑料袋的断面结构致密，只有剪切时留下的撕裂痕迹，没有复杂的多级结构。通过光谱分析，不同品牌紫菜样本红外光谱图相似度较高，在 1 643cm^{-1} 和 1 539cm^{-1} 附近具有蛋白特征吸收峰，而塑料袋在以上波段均无特征吸收峰。从成分看，紫菜中都检出较高的蛋白质和氨基酸，而且含量分布比较集中，并且富集了有机砷、磷和钙元素，含量平均为 35.8mg/kg、5 989mg/kg 和 4 124mg/kg；在塑料袋中未检出蛋白质和氨基酸，相应的有机砷、磷和钙元素含量分别为 <1mg/kg、<0.05mg/kg 和 1 038mg/kg。通过有机砷和磷可对紫菜中掺假使用塑料袋的情况进行有效辨别。北京市食药监局连续三年对紫菜进行抽检的结果显示，未发现样本中存在采用塑料制假的现象。

如果消费者存在疑惑，如何区分紫菜和塑料呢？常用的方法如下：一是水泡法，紫菜泡水后吸收水分，光滑，而塑料不吸水，不光滑；二是燃烧法，紫菜燃烧会产生类似于毛发燃烧的味道，火苗熄灭后留下像灰一样的物质，而塑料燃烧火苗很大，滴油脂并有刺鼻的气味，燃烧剩余物质团缩在一起；三是撕扯法，用手撕扯泡过的样品，紫菜撕扯很容易断，没有弹性，塑料则弹性较强，很难被撕开。

3　紫菜泡水后水发红是被染色了吗？

紫菜在泡水或煮汤过程中水会发红，有的消费者就会质疑，这是紫菜被染色了吗？当然不是！紫菜体内含有藻红蛋白、藻蓝蛋白和叶绿素等呈色物质，其中藻红蛋白的稳定性比较差，会受温度、湿度、pH 和盐度变化影响而分解，当紫菜泡水或煮汤时，藻红蛋白分解加快，使水呈现出以藻红蛋白为基调的紫红或藻红色。此外，紫菜在加工、储藏或流通过程中，由于操作或保存不当，受到高温、高湿的影响，造成藻体受损，细胞内的藻红蛋白释放出来，藻体就会变成红色。总之，紫菜泡水后发红是自身色素蛋白分解的结果，没有染色之说。再从紫菜的生长规律上来看，紫菜性成熟后藻体会产生大量果孢子，呈现紫红色，一旦进入果孢子成熟期采收的紫菜，加工后的干品泡水后，释放出的果孢子量多了，也会使浸泡的水呈淡红色，这都属于正常现象。

紫菜变色后还能食用吗？

紫菜之所以呈现紫黑色，是由于叶绿素的绿色、胡萝卜素的橙色、藻红蛋白的红色和藻蓝蛋白的蓝色重叠在一起所致。通过颜色的变化可确定紫菜质量的变化。在保存过程中，若紫菜继续保持黑紫色不变，说明紫菜保存得很好；若紫菜变成红紫色，说明紫菜品质下降；若不仅颜色变化，还散发出腥臭味，则说明紫菜已经变质。如果只是颜色稍有变化，可能营养成分有所损失，但尚可食用；如果出现腥臭味等变质现象，则不能继续食用。

紫菜中有没有添加剂？

干紫菜是通过近海人工栽培的紫菜原藻加工而成，紫菜原藻生长的环境为全天然，用来做汤的干坛紫菜和作为烤紫菜原料的干条斑紫菜是从海上收割回来经过清洗烘干后包装而成，在加工过程中不添加任何食品添加剂或加工助剂。寿司烤紫菜是将干条斑紫菜在不添加任何调味料情况下直接烘烤而成的产品。而海苔则属于调味烤紫菜，在加工过程中添加了各种调味料，其特点是作为休闲食品，这类产品则会含有食品添加剂，但这些食品添加剂都是符合国家食品安全标准要求的，消费者可以放心食用。

如何保存能保持紫菜的鲜度？

干紫菜和烤紫菜制品的含水量都比较低，如果打开包装袋放置几天后，就会吸收空气中的水汽受潮甚至发红变质，那么如何保存才能保持紫菜的鲜度呢？

由于紫菜对光、温度、湿度、氧气等都非常敏感，受到光照或被放置在高温、高湿的地方时，就会出现质量劣化，其结果不仅使紫菜失去了松脆度，还会使其味道变差、香味尽失。要使鲜香可口的紫菜长久保持鲜度和营养，应购买铝膜包装的产品，或将其装入避光性能好的包装中并置于低温干燥处。最简单的方法就是将紫菜放在冰柜或冷藏柜中保存，开袋后还要用密封袋装好，其次是食用紫菜时用多少拿出来多少，其余的密封好，这样紫菜的鲜度就不会受影响了。

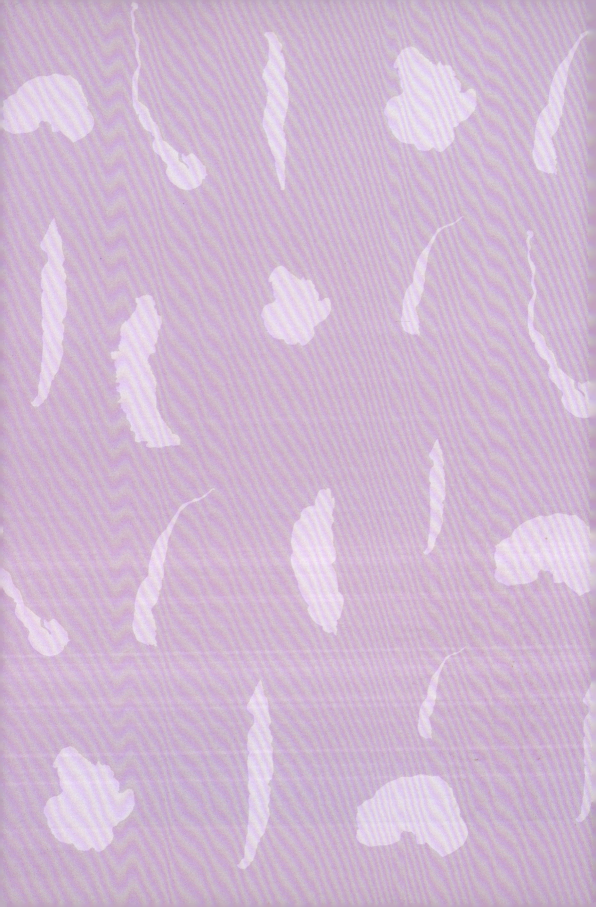

第七章

紫菜食谱

紫菜蛋花汤

【原料】

食材：鸡蛋1个、干坛紫菜10g、虾皮适量。

调料：葱花、香菜碎、酱油、鸡粉、白胡椒粉、香油、盐各适量。

【制法】

（1）锅里加水煮开后，倒入少许酱油、鸡粉调味，放入撕碎的紫菜，煮开。

（2）鸡蛋用蛋抽打散后，用勺子把蛋液分几次撒入滚开的汤中。

（3）蛋花飘起来关火，放白胡椒粉、盐，淋香油，撒葱花、香菜碎、虾皮，香喷喷的紫菜蛋花汤即可出锅。

紫菜包饭（寿司）

【原料】

食材：香米 100g、原味烤紫菜 2 张，鸡蛋 1 个，黄瓜 1 小节，胡萝卜 1 小节，火腿肠 1 根，肉松、白芝麻各适量。

调料：香油、寿司醋各适量。

【制法】

(1) 先将米洗净，煮熟。米饭熟后趁热加入寿司醋、白芝麻和香油拌匀备用。

(2) 将鸡蛋打散，摊成蛋饼，蛋饼冷却后切条备用，胡萝卜切条后放入滚开水中焯 3 分钟后捞起，冷却备用，黄瓜切条备用。

(3) 把紫菜铺在寿司竹帘上，把米饭倒在上面约占紫菜的 3/4，用勺子压扁，贴在紫菜上面，然后铺上一条条的鸡蛋条、黄瓜条、胡萝卜条和适量肉松，用力握紧竹帘两头，慢慢卷起米饭，稍压一会儿定型。

(4) 成形的寿司条用刀切成厚约 1.5cm 小片即可。

紫菜手卷

【原料】

食材：寿司饭 300g，烤紫菜 3 张，黄瓜、腌白萝卜、烤鳗、叉烧、生鱼片各适量。

调料：蛋黄酱适量。

【制法】

（1）将烤鳗、叉烧切片，黄瓜和腌白萝卜切成条。

（2）将紫菜平放于手心，光面向下，把寿司饭均匀铺在紫菜上。

（3）饭上再放切好的烤鳗、生鱼片或叉烧、黄瓜条、腌白萝卜条，再加入适量的蛋黄酱。

（4）最后，将紫菜卷成圆锥形即可。

4 凉拌紫菜

【原料】

食材：坛紫菜 50g，海蜇丝 75 克，黄瓜 1 根，彩椒 1 个，虾皮 10g。

调料：陈醋、香油、辣椒油、生抽、糖、鸡精各适量。

【制法】

（1）黄瓜和彩椒切条备用。

（2）将坛紫菜撕成小块，放入开水中烫开，捞起滤水。

（3）将海蜇丝、黄瓜条、彩椒条、虾皮加入坛紫菜中，同时调入适量生抽、陈醋、辣椒油、糖、鸡精及少许香油拌匀，装盘食用。

紫菜海蛎堡

【原料】

食材：坛紫菜 10g，海蛎子 250g，彩椒适量，西蓝花 100g。

调料：盐、鸡精、糖、蚝油、生抽、生粉、花生油各适量。

【制法】

(1) 将坛紫菜撕成小块，泡发，洗净，滤干水备用。

(2) 将水烧开，加入适量盐、花生油，分次入西蓝花、海蛎子煮至断生，捞出滤干水备用。

(3) 锅加热后放入适量花生油，放入彩椒爆香，然后放入西蓝花、紫菜，同时放入适量盐、鸡精、糖、蚝油、生抽，并加少量水翻炒匀，加入水淀粉勾芡翻匀，稍煮片刻。

(4) 放入海蛎轻轻翻炒，即可装盘食用。

6 紫菜饭团

【原料】

食材：米饭 500g，紫菜 20g，白芝麻适量。

调料：白糖、生抽、食用油各适量。

【制法】

(1) 将紫菜撕成碎片后放入料理机打碎，加入炒熟的白芝麻搅拌均匀，备用。

(2) 调配酱汁：加入一勺白糖，两勺生抽，搅拌均匀至白糖溶化。

(3) 向备好的紫菜碎里倒入 5 勺食用油，搅拌均匀至所有的紫菜碎都均匀裹到食用油，再倒入备好的酱汁，继续搅拌均匀。

(4) 上述食材放入锅中，开小火翻炒，全程小火，收干紫菜碎的酱汁，一边翻炒一边按压，炒到感觉紫菜碎有硬壳那种脆度即可出锅。

(5) 将紫菜碎放凉后，加入米饭中，搅拌均匀后捏成饭团。

7 紫菜厚蛋烧

【原料】

食材：鸡蛋 3 个，紫菜 10g，胡萝卜 15g。

调料：葱、盐、食用油各适量。

【制法】

（1）将鸡蛋磕入碗中，紫菜过水挤干切碎，胡萝卜擦丝切碎，葱切段。把切碎的食材、蛋液、盐混合在一起，搅拌均匀备用。

（2）平底锅用小火烧温热，倒入少许食用油晃匀，倒入约 1/3 上述备好的紫菜蛋液，待蛋液略凝固后，用铲子掀起一个边缘卷起，然后推到锅的一边，继续倒入蛋液，重复动作直到蛋液倒完。

（3）卷好的厚蛋烧可以稍微在锅里前后左右轻压一下，让它更好固定形状。取出厚蛋烧，根据自己喜欢的大小切块即可。

8 紫菜蛋炒饭

【原料】

食材：米饭 200g，紫菜 10g，榨菜 50g，肉丝 50g，鸡蛋 2 个。

调料：葱、盐、植物油、生粉、胡椒粉各适量。

【制法】

(1) 榨菜切成丝，葱切成葱花备用。

(2) 紫菜撕成小块备用。

(3) 肉丝放入盛器中，用盐、生粉上浆。

(4) 在滑过油的热锅中倒入油，烧至四成热后，放入肉丝过油至熟沥出。

(5) 放入榨菜丝略炒后捞出沥油。

(6) 锅内留适量油，放入打散的蛋液炒匀后，加入肉丝、榨菜丝、紫菜炒散。

(7) 再放入米饭、盐、胡椒粉炒出香味，撒上葱花装盘即可。

炸紫菜肉丸子

【原料】

食材：紫菜 20g，猪肉末 100g。

调料：葱、地瓜粉、盐、生抽、植物油、鸡精各适量。

【制法】

（1）紫菜过水清洗一下，捏干水分撕碎备用。葱去根洗净切成碎末。

（2）小盆中倒入紫菜、肉末、葱末，加少许盐、鸡精、生抽调味后，倒入一些地瓜粉用筷子搅拌均匀备用。

（3）锅中倒入适量植物油，待油温升高后转小火，用勺子取一勺上述食材加入油锅里，慢火炸到丸子有点金黄，即可出锅。

紫菜饺子

【原料】

食材：猪肉馅 200g，紫菜 1 张，鸡蛋 1 个，饺子皮 20 张，香菇、木耳各适量。

调料：香菜、葱、盐各适量。

【制法】

（1）紫菜洗净后切碎，香菇、木耳泡发后切碎，香菜、葱洗净后切碎。

（2）把鸡蛋打到猪肉馅里，加入切碎后的紫菜、香菇、木耳、香菜、葱，加入适量的盐，搅拌均匀至上劲后备用。

（3）将饺子皮和肉馅包成水饺。

（4）锅内水烧开，下饺子，不断搅拌，防止饺子粘连和沉底，水沸腾后加入一次冷水，再次烧开，再加冷水，连加三次冷水，待饺子皮鼓起来，即可捞出食用。

11 自制海苔碎

【原料】

食材： 紫菜 30g，白芝麻适量。

调料： 盐、食用油、辣椒粉、孜然粉各适量。

【制法】

（1）将免洗紫菜撕成小块放在一个大碗里，大小以吃起来方便为宜。

（2）将盐和食用油均匀地撒在紫菜上，用手不断抓匀，使油盐混合均匀。

（3）将紫菜倒入不粘锅，小火不断翻炒，紫菜变绿且口感酥脆即可出锅。

（4）喜欢其他口味的可以在烤好后立刻撒上孜然粉、辣椒粉、白芝麻等调味。

12 紫菜汤面

【原料】

食材：坛紫菜 10g，面条 100g，猪肉末 50g。

调料：葱、花生油、盐、味精各适量。

【制法】

（1）坛紫菜撕成小块，洗净，滤水备用。

（2）葱切碎备用。

（3）将花生油热锅后，加入葱花、猪肉末爆香。

（4）锅中加入适量清水，沸腾后放入面条，待面条熟后放入紫菜，最后加入盐、味精拌匀即可。

13 紫菜萝卜干煎蛋

【原料】

食材：坛紫菜 20g，鸡蛋 3 个，萝卜干 15g。

调料：葱、花生油、盐、鸡精、胡椒粉各适量。

【制法】

(1) 坛紫菜撕成小块，洗净，滤水备用。萝卜干、葱切碎备用。

(2) 将鸡蛋打散，加入切碎的萝卜干、坛紫菜、适量葱花、鸡精、胡椒粉打匀。

(3) 将锅烧热，放食用油，倒入鸡蛋，摊平，煎至双面金黄色出锅。

(4) 切好摆盘，即可食用。

主要参考文献

曹荣，胡梦月，谭志军，等，2021. 基于电子舌和气相－离子迁移谱分析坛紫菜与条斑紫菜的风味特征 [J]. 食品科学，42(8)：186-191.

曹荣，刘楠，王联珠，等，2019. 不同采收期坛紫菜的风味比较 [J]. 上海海洋大学学报，28(5)：811-817.

陈美珍，徐景燕，潘群文，等，2011. 末水残次坛紫菜的营养成分及多糖组成分析 [J]. 食品科学，32(20)：230-234.

陈胜军，于娇，胡晓，等，2020. 汕头地区不同采收期坛紫菜营养成分分析与评价 [J]. 核农学报，34(3)：539-546.

陈伟洲，吴文婷，许俊宾，等，2013. 不同生态因子对皱紫菜生长及生理组分的影响 [J]. 南方水产科学，9(2)：14-19.

冯丰珍，郑明静，洪涛，等，2023. 基于体外 HUVECs 细胞模型的条斑紫菜多糖促血管生成活性 [J]. 食品科学，44(7)：1-9.

高洪峰，曹文达，纪明侯，1993. 坛紫菜中藻胆蛋白的性质与化学组成研究 [J]. 海洋与湖沼，24(4)：350-355.

顾晓慧，2014. 紫菜对大鼠生理机能的影响及大鼠铅中毒的促排作用研究 [D]. 青岛：中国海洋大学.

郭雷，王淑军，郝倩，等，2010. 紫菜多糖和藻红蛋白生物活性的研究进展 [J]. 食品研究与开发，31(6)：182-185.

何梅，杨月欣，王光亚，等，2008. 我国农村谷类和干豆类食物中膳食纤维含量的研究 [J]. 中国粮油学报，23(2)：199-205.

胡传明，陆勤勤，张美如，等，2015. 不同品系条斑紫菜采收期游离氨基酸组成与含量变化特征 [J]. 江苏农业科学，43(7)：334-337.

胡传明，王丹青，王锡昌，等，2016. 条斑紫菜与坛紫菜挥发性风味的电子鼻分析 [J]. 广西科学，23(2)：138-143.

黄海潮，王锦旭，潘创，等，2020. 超声波辅助过氧化氢法降解坛紫菜多糖及其抗氧化活性的研究 [J]. 南方水产科学，16(1)：110-119.

李春霞，田晓玲，王飞，等，2011. 坛紫菜藻红、α-藻蓝蛋白和β-亚基基因序列测定及分析 [J]. 海洋学报 (4): 163-172.

李锋，李清仙，程志远，等，2017. 坛紫菜多酚抗氧化及抑制 UVB 致 HSF 细胞氧化损伤作用 [J]. 食品科学，38(17): 190-197.

李晓川，2011. 我国紫菜产业发展、标准状况及安全性评价 [J]. 中国渔业质量与标准，(3): 9-12.

梁杰，邓波，刘涛，等，2020. 响应面法优化坛紫菜抗氧化肽酶法制备工艺 [J]. 食品研究与开发，41(5): 1-6.

林红梅，2021. 坛紫菜与条斑紫菜微量元素富集能力研究 [J]. 福建农业科技，52(3): 23-27.

凌云，王凤军，陈安娜，等，2019. 条斑紫菜不同采收期总硒含量变化研究 [J]. 水产养殖，40(7): 49-54.

刘斌，马海乐，李树君，等，2010. 紫菜降压肽酶膜耦合反应制备工艺 RBF 神经网络优化 [J]. 农业机械学报，41(5): 120-125.

刘冬冬，田亚平，2016. 酶解条斑紫菜制备抗氧化肽及综合利用 [J]. 食品生物与技术学报，35(2): 166-172.

刘涛，2017. 南海常见大型海藻图鉴 [M]. 北京：海洋出版社.

刘恬敬，刘卓，1989. 建国四十年海洋增养殖研究的进展 [J]. 现代渔业信息，4(2-3): 2-6.

吕琴，姜乃澄，2002. 食用海藻对肠道菌群及肠道微环境影响的研究 [J]. 东海海洋，22: 323.

邱小明，2019. 响应面优化法提取坛紫菜多酚及抗氧化研究 [J]. 闽南师范大学学报（自然科学版），32(2): 81-89.

任姗姗，李鹏高，唐玉平，等，2011. 条斑紫菜提取物对大鼠高血压的改善作用 [J]. 食品科学，32(7): 296-299.

沈阳军区后勤部军需部，中国人民解放军兽医大学，1993. 东北野生可食植物 [M]. 北京：中国林业出版社.

王旭雷，马颖超，鲁晓萍，等，2017. 坛紫菜生物多样性及其栽培生物学基础 [J]. 海洋科学，41(2)：125-135.

王茵，刘淑集，苏永昌，等，2010. 紫菜降血压肽大鼠体内降压效果研究 [J]. 中国海洋药物杂志，29(3)：17-21.

谢雪琼，钟婵，孙乐常，等，2019. 利用坛紫菜藻红蛋白制备辅氨酰内肽酶抑制肽 [J]. 食品科学，40(14)：123-129.

宣仕芬，朱煜康，孙楠，等，2020. 不同采收期坛紫菜感官品质及蛋白组成分析 [J]. 食品工业科技，41(14)：291-296.

杨少玲，戚勃，杨贤庆，等，2019. 中国不同海域养殖坛紫菜营养成分差异分析 [J]. 南方水产科学，15(6)：75-80.

杨贤庆，黄海潮，潘创，等，2020. 紫菜的营养成分、功能活性及综合利用研究进展 [J]. 食品与发酵工业，46(5)：306-313.

姚兴存，邱春江，赖小燕，2015. 紫菜风味香精的制备及其风味成分分析 [J]. 食品科学技术学报，33(3)：28-34.

伊纪峰，朱建一，韩晓磊，等，2009. HS-SPME-GC/MS联用检测红毛菜中的挥发性成分 [J]. 南京师大学报（自然科学版），32(2)：103-107.

张杰，杨旭东，王崴，2010. 条斑紫菜多糖对人肝癌Be17402抗肿瘤作用的初步研究 [J]. 中国食物与营养，8：82-84.

张唐伟，李天才，2010. 藻胆蛋白的提取纯化与生物活性研究进展 [J]. 生物技术通报，1：9-13.

赵玲，曹荣，王联珠，等，2018. 靖海湾条斑紫菜的营养及鲜味评价 [J]. 渔业科学进展，39(6)：134-140.

赵玲，曹荣，王联珠，等，2021. 条斑紫菜烤制前后特征风味变化研究 [J]. 渔业科学进展，42(4)：9.

赵艳景，汤云成，2012. 条斑紫菜藻蓝蛋白的分离纯化及其抗衰老作用研究 [J]. 食品科学，33(17)：94-97.

曾呈奎，1993. 中国经济海藻志 [M]. 北京：科学出版社.

仲明，张锐，2003. 条斑紫菜不同采收期主要营养成分变化情况 [J]. 中国饲料，23：30-31.

周存山，徐筱洁，杨虎清，等，2010. 混合酶法制备紫菜蛋白降压肽 [J]. 中国食品学报，10（1）：156-160.

周慧萍，陈琼华，1989. 紫菜多糖抗衰老作用的实验研究 [J]. 中国药科大学学报，20（4）：231-234.

朱建一，严兴洪，丁兰平，等，2016. 中国紫菜原色图集 [M]. 北京：中国农业出版社.

Azeemullah AS, Kalkooru LV, Alka M, 2019. An anticoagulant peptide from *Porphyra yezoensis* inhibits the activity of factor XIIa: In vitro and in silico analysis[J]. Journal of Molecular Graphics and Modelling, 89: 225-233.

Chen L, Zhang Y, 2019. The growth performance and nonspecific immunity of juvenile grass carp (*Ctenopharyngodon idella*) affected by dietary *Porphyra yezoensis* polysaccharide supplementation[J]. Fish and Shellfish Immunology, 87: 615-619.

Chen X, Wu M, Yang Q, et al., 2017. Preparation, characterization of food grade phycobiliproteins from *Porphyra haitanensis* and the application in liposome-meat system[J]. LWT-Food Science and Technology, 77: 468e474.

Fan X, Bai L, Mao X, et al., 2017. Novel peptides with anti-proliferation activity from the *Porphyra haitanesis* hydrolysate[J]. Process Biochemistry, 60: 98-107.

Fujiwara T, 1956. Studies on chromoproteins in Japanese Nori, *Porphyra tenera* II[J]. Amino acid compositions of phycoerythrin and phycocyanin. J Biochem, (Tokyo), 43: 195- 203.

Gong G, Zhao J, Wang C, et al., 2018. Structural characterization and antioxidant activities of the degradation products from *Porphyra haitanensis* polysaccharides[J]. Process Biochemistry, 74: 185-193.

Gudiel-Urbano M, Goñi I, 2002. Effect of edible seaweeds (*Undaria pinnatifida* and *Porphyra ternera*) on the metabolic activities of intestinal microflora in rats[J]. Nutrition Research (22): 323-331.

Harborne JB, 1980. Plant phenolics. In: Encyclopedia of Plant Physiology: Secondary Plant Products (eds. Bell EA & CharlWood BV)[M]. Vol. 8, Springer-Verlag: Berlin, Heidelberg, Germany; New York, NY: pp. 329-395.

Herath KHINM, Lee JH, Cho J, et al., 2017. Immunostimulatory effect of pepsin enzymatic extract from *Porphyra yezoensis* on murine splenocytes[J]. Journal of the Science of Food & Agriculture.

Jiao K, Gao J, Zhou T, et al., 2019. Isolation and purification of a novel antimicrobial peptide from *Porphyra yezoensis*[J]. Journal of Food Biochemistry, 43: e12864.

Kazłowska K, Hsu T, Hou C, et al., 2010. Anti-inflammatory properties of phenolic compounds and crude extract from *Porphyra dentate*[J]. Journal of Ethnopharmacology, 128: 123-130.

Khan BM, Qiu HM, Xu SY, et al., 2020. Physicochemical characterization and antioxidant activity of sulphated polysaccharides derived from *Porphyra haitanensis*[J]. International Journal of Biological Macromolecules, 145: 1155-1161.

Li YX, Wijesekaraa I, Li Y, et al., 2011. Phlorotannins as bioactive agents from brown algae[J]. Process Biochemistry, 46, 2219-2224.

Liu Q, Wang Y, Cao M, et al., 2015. Anti-allergic activity of R-phycocyanin from *Porphyra haitanensis* in antigen-sensitized mice and mast cells[J]. International Immunopharmacology, 25, 465-0473.

Miyasaki T, Ozawa H, Banya H, et al., 2014. Discrimination of excellent-grade nori, the dried laver *Porphyra* spp. with analytical methods for volatile compounds[J]. Fisheries Science, 80 (4): 827-838.

Pan Q, Chen M, Li J, et al., 2013. Antitumor function and mechanism of phycoerythrin from *Porphyra haitanensis*[J]. Biological Research, 46: 87-95.

Ragan MA, Glombitza KW, 1986. Phlorotannins, brown algal polyphenols. In: Progress in Phycological Research (eds. F. E. Round & D. J. Chapman)[M]. Biopress Ltd: Bristol, UK.

Santiañez WJE, Wynne MJ, 2020. Proposal of *Phycocalidia* Santiañez & M.J.Wynne nom. nov. to replace *Calidia* L.-E.Yang & J. Brodie *nom. illeg.* (Bangiales, Rhodophyta)[J]. Notulae Algarum, 140: 1-3.

Sutherland JE, Lindstrom SC, Nelson WA, et al., 2011. A new look at an ancient order: generic revision of the Bangiales (Rhodophyta)[J]. J. Phycol, 47: 1131-1151.

Yang LE, Deng YY, Xu GP, et al. , 2020. Redefining *Pyropia* (Bangiales, Rhodophyta): four new genera, resurrection of *Porphyrella* and description of *Calidia pseudolobata* sp. Nov.

from China[J]. Journal of Phycology, 56: 862-879.

Yoshida T, Notoya M, Kikuchi N, et al., 1997. Catalogue of species of porphyra in the world, with special reference to the type locality and bibliography[J]. Natural History Research (3): 5-18.

Zhang LX, Cai CE, Guo TT, et al., 2011. Anti-cancer effects of polysaccharide and phycocyanin from *Porphyra yezoensis*[J]. Journal of Marine Science and Technology, 19(4): 377-382.

Zhou C, Yu X, Zhang Y, et al., 2012. Ultrasonic degradation, purification and analysis of structure and antioxidant activity of polysaccharide from *Porphyra yezoensis* Udea[J]. Carbohydrate Polymers (87): 2046-2051.

附　　录

附录 1　本书视频二维码合集

机械采苗

半浮动筏式养殖

紫菜的采收

干条斑紫菜的生产

干坛紫菜的生产

寿司紫菜的生产

海苔的生产

紫菜汤的生产

附录2　阿一波食品有限公司

产品展示

阿一波
紫菜蛋汤

阿一波
有机紫菜

阿一波多多
海苔

厚浪
夹心海苔脆

珍贝鲜
贝类调味料

阿一波食品有限公司
AYIBO FOOD CO. LTD.

地址：福建省晋江市安海前蔡工业区 10 号（总部）
晋江市经济开发区（五里园）安麒路 3 号（五里分公司）
漳浦县六鳌镇虎头山开发区（漳州分公司）

电话：400-855-1000　网址：www.ayibofood.com

　　阿一波食品有限公司是一家专业从事紫菜、海苔、橄榄菜、调味品、酱菜、笋丝等农业绿色食品深加工的大型民营企业。2018年12月，公司荣获"农业产业化国家重点龙头企业"称号。2019年4月，公司被列入"国家科技型中小企业"。

　　公司占地10hm²，建筑面积近15万㎡，总资产数亿元，员工近千人。产品销往全国31个省（自治区、直辖市），建立2 000多个经销网点。公司先后获得中国名牌农产品、中国驰名商标、中国创新水产品、国家绿色食品认证、中绿有机食品认证、福建省品牌农业企业金奖、福建名牌产品、福建名牌农产品、福建省著名商标等称号或认定；企业通过食品安全管理体系认证和HACCP认证及出口备案认证，是福建省坛紫菜地方标准起草单位、《干紫菜》国家标准起草单位之一。

　　公司先后获得农业产业化省级重点龙头企业、福建省水产产业化龙头企业、福建省重点上市后备企业等几十项荣誉，是福建省水产技术推广总站坛紫菜加工推广示范基地和福建省水产研究所海洋食品科研基地。公司设立的企业技术创新中心为泉州市级技术中心、福建省级闽南坛紫菜行业星火技术创新中心。

　　公司目前已成为福建省乃至全国最大的坛紫菜加工企业之一，在全省紫菜主要产区建有万亩以上的绿色、无公害基地，积极引进坛紫菜新品种在基地内推广，带动藻农增产增收。积极推进省内一线紫菜加工企业开展节能环保的加工设备改造，创新加工工艺，解决洗菜、烤菜环节的节能环保技术问题。

　　公司引进国外先进设备，全套的加工和检验设备、制冷系统冻库等配套设备，实现了信息化和智能化的有机融合，树立了农产品深加工行业的典范，引领产业的升级发展，成为行业的发展航标。阿一波紫菜"好材料、好技术、好品质"的"三好"特点，深受业界同行、专家的广泛认可和好评。阿一波紫菜产品的各项技术质量指标优于国家标准。公司拥有专业大型冷藏保鲜库，系行业中最大的恒温保鲜库之一，可储存紫菜数千吨，确保紫菜原料的最佳储存环境。严谨的标准化内控体系为食品安全保驾护航。

　　未来，阿一波将进一步依托科学管理、品质管控和持续创新，发挥龙头企业模范作用，积极引领产业转型升级，持续为市场提供优质、健康、美味、营养的产品，成为中国紫菜行业发展的旗帜和标杆，打造阿一波紫菜系列产品成为中国的第一品牌和调味品的知名品牌。

江苏鲜之源水产食品有限公司
JIANGSU XIANZHIYUAN AQUATIC PRODUCT&FOOD Co., Ltd.

　　江苏鲜之源水产食品有限公司是一家产业链企业，于 2007 年成立。公司注册资金 1 998 万元人民币，厂房面积 22 000m²。欧盟卫生标准建设的海苔深加工车间，其中 6 000m² 冷冻冷藏库，可—18℃下保存干紫菜 1.8 万 t，拥有烤海苔、调味海苔生产流水线 6 条，夹心海苔生产流水线 16 条，拌饭海苔 8 台（套），进口高精密仪器 8 台（套），多功能整式包装机 16 台（套），拥有 1 600 多 hm² 条斑紫菜生长的天然无污染外海有机优良养殖海域基地，主要产品涵盖烤海苔、调味海苔、夹心海苔三大类 20 多个品种。多种产品获得美国和国内有机认证。产品畅销海内外，年产值达到 1.2 亿元人民币。

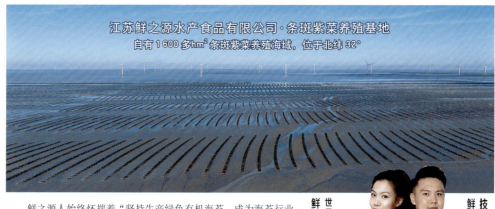

江苏鲜之源水产食品有限公司·条斑紫菜养殖基地
自有 1 600 多 hm² 条斑紫菜养殖海域，位于北纬 32°

　　鲜之源人始终怀揣着"坚持生产绿色有机海苔，成为海苔行业领军企业"的愿景，以"用海苔传递健康滋味"为使命，秉持"品质为核，诚信为基"的价值观和"勇于创新，精益求精"的精神。2024 年，在实体企业新媒体涌动之际，公司组建专业电商团队，主推自有品牌"浪小苔"和"喜乐猫"，规划逐步实现三大现象：霸词、霸屏、霸网。让目标客户群体在各大主流电商平台能"产品搜得到→平台有推荐→整屏展示多→全网全打通"。并邀请跳水国际大赛冠军曹境真和技巧世界冠军周家槐，担任旗下喜乐猫和浪小苔系列海苔品牌形象代言人。

　　公司顺应新媒体发展趋势，借助双冠军代言之力，推动鲜之源自有品牌系列的海苔产品快速走向市场，赢得更多消费者的喜爱。

地址：江苏省南通市如东经济开发区新区井冈山路西侧　　电话：0513-80866676，0513-80869918　　网址：www.jsxzy.net